Cyril Chastang

Techniques de validation par la Simulation des liens Multi-GigaHertz

Cyril Chastang

Techniques de validation par la Simulation des liens Multi-GigaHertz

Analyse d'Intégrité du Signal des cartes électroniques haute densité

Presses Académiques Francophones

Impressum / Mentions légales
Bibliografische Information der Deutschen Nationalbibliothek: Die Deutsche Nationalbibliothek verzeichnet diese Publikation in der Deutschen Nationalbibliografie; detaillierte bibliografische Daten sind im Internet über http://dnb.d-nb.de abrufbar.
Alle in diesem Buch genannten Marken und Produktnamen unterliegen warenzeichen-, marken- oder patentrechtlichem Schutz bzw. sind Warenzeichen oder eingetragene Warenzeichen der jeweiligen Inhaber. Die Wiedergabe von Marken, Produktnamen, Gebrauchsnamen, Handelsnamen, Warenbezeichnungen u.s.w. in diesem Werk berechtigt auch ohne besondere Kennzeichnung nicht zu der Annahme, dass solche Namen im Sinne der Warenzeichen- und Markenschutzgesetzgebung als frei zu betrachten wären und daher von jedermann benutzt werden dürften.

Information bibliographique publiée par la Deutsche Nationalbibliothek: La Deutsche Nationalbibliothek inscrit cette publication à la Deutsche Nationalbibliografie; des données bibliographiques détaillées sont disponibles sur internet à l'adresse http://dnb.d-nb.de.
Toutes marques et noms de produits mentionnés dans ce livre demeurent sous la protection des marques, des marques déposées et des brevets, et sont des marques ou des marques déposées de leurs détenteurs respectifs. L'utilisation des marques, noms de produits, noms communs, noms commerciaux, descriptions de produits, etc, même sans qu'ils soient mentionnés de façon particulière dans ce livre ne signifie en aucune façon que ces noms peuvent être utilisés sans restriction à l'égard de la législation pour la protection des marques et des marques déposées et pourraient donc être utilisés par quiconque.

Coverbild / Photo de couverture: www.ingimage.com

Verlag / Editeur:
Presses Académiques Francophones
ist ein Imprint der / est une marque déposée de
OmniScriptum GmbH & Co. KG
Heinrich-Böcking-Str. 6-8, 66121 Saarbrücken, Deutschland / Allemagne
Email: info@presses-academiques.com

Herstellung: siehe letzte Seite /
Impression: voir la dernière page
ISBN: 978-3-8416-2360-7

Copyright / Droit d'auteur © 2013 OmniScriptum GmbH & Co. KG
Alle Rechte vorbehalten. / Tous droits réservés. Saarbrücken 2013

Résumé / Summary

Techniques et Méthodologies de validation par la Simulation des liens Multi-GigaHertz des cartes électroniques haute densité

La tendance dans la conception de cartes électroniques imprimées est de remplacer les traditionnels bus parallèles par des liens série rapides, à des fréquences de plusieurs gigahertz. Cette thèse proposée par THALES Communications and Security en collaboration avec le laboratoire SATIE de l'ENS de Cachan a pour objectif de définir une approche adaptée au traitement des problèmes de liens multi-gigahertz, de manière à garantir le fonctionnement d'une carte numérique complexe (multicouches, haute densité d'intégration, ...) sans qu'une phase de prototypage ne soit nécessaire. Après un état de l'art, ce travail s'est organisé en trois parties :

La première partie porte sur l'étude du canal de propagation. La décomposition spectrale des liens multi-gigabits couvrant plusieurs gigahertz voire plusieurs dizaines de gigahertz montre la nécessité d'employer des logiciels de simulations spécifiques au domaine des hyperfréquences. Une évaluation de certains solveurs électromagnétiques 3D parmi les plus récents a été réalisée afin d'extraire les paramètres S du canal de propagation de façon précise et rapide à partir des informations issues des logiciels de CAO utilisés à THALES.

La seconde partie traite de la prise en compte des émetteurs, des récepteurs et des traitements numériques associés dans la simulation afin de réaliser des calculs de diagrammes de l'oeil, de taux d'erreurs binaires (BER) et de jitter. L'utilisation de la norme IBIS-AMI, très récente, et la comparaison des performances avec d'autres outils, tel que HSPICE, a demandé l'évaluation de simulateurs circuit de dernière génération. Cette étape a été réalisée en étroite collaboration avec les éditeurs des logiciels car certains outils ne sont pas suffisamment matures pour s'inscrire dans un flot global de conception.

Enfin, la chaîne de simulation complète ayant été validée par la mesure, une analyse approfondie des différentes composantes du jitter a été effectuée en fonction des phénomènes physiques plus ou moins destructeurs pour la qualité du signal. Cela a ensuite permis d'établir les règles et la méthodologie de conception, en tenant compte des marges allouées à partir des résultats de l'analyse du jitter.

Technologies and Methodologies of the High-Speed serial Links validation on High Density Interconnect Circuit using Simulation

The designers of Printed Circuit Board (named "board" below) tend to use more and more multi-gigabit serial links rather than traditional parallel buses. It enables to push back the density limitations and to increase embedded functionalities of the board. This thesis is the result of collaboration with THALES Communications and Security and the SATIE laboratory of ENS Cachan. The goal of the thesis was to define an approach dedicated to the study of Multi-GigaHertz (MGH) signals in order to assure that digital complex boards work without costly multiple prototype designs. After an inventory of the state of the arts, this work was conducted in three parts :

The firt part is about the propagation channel. The spectral power distribution of the multi-gigabit links ranges from DC to several dozens of gigahertz, it is the reason why specific simulation softwares usually used in the hyper-frequency field have to be used. An assessment of several most recent 3D ElectroMagnetic (EM) solvers has been achieved in order to quickly and accurately extract the S Parameter matrix of the propagation channel thanks to information from CAO softwares used in THALES.

The second part consisted to take into account the transmitters, the receivers and the digital treatments associated in the circuit simulation in order to calculate eye diagrams, Bit Error Rate (BER) and Jitter separation. The assessment of the latest generation of channel simulator was needed for the use of the recent norm IBIS-AMI and the comparison of the performances with other tools, such as HSPICE. This step has been led in close collaboration with the simulation software suppliers because some tools are not mature enough to fit into a global design flow.

Finally, thanks to the validation of the simulation flow with measurements, a deep sudy of the different components of the jitter has been conducted depending on the physical phenomenon being more or less destructive for the quality of the transmission. This study enabled to define design rules and design methodology taking into account the margins allocated from the results of the jitter analysis.

Table des matières

Résumé — 1

Glossaire — 18

Introduction générale — 21

I. Contexte de l'étude — 23

1. Besoins et contraintes industriels — 24
1.1. Introduction — 24
1.2. Description d'une carte électronique — 24
    1.2.1. Les composants — 24
    1.2.2. Le circuit imprimé — 25
1.3. Évolutions technologiques des cartes — 26
1.4. Utilisation croissante des liens Multi-GigaHertz — 30
    1.4.1. Présentation des liens MGH — 30
    1.4.2. L'intérêt d'utiliser des liens MGH — 32
    1.4.3. Maitriser les liens MGH — 34
    1.4.4. Conclusion — 35

2. Les objectifs de l'étude — 36
2.1. Les études d'intégrité du signal à THALES — 36
2.2. Mise en place du flot de conception des liens MGH — 37
    2.2.1. Un nouveau flot de simulation — 37
    2.2.2. Définition d'une nouvelle méthodologie — 38

3. Description d'un signal MGH — 39
3.1. Introduction — 39
3.2. Décomposition spectrale d'un signal numérique — 40
3.3. Bande passante — 43

Table des matières

4. Caractérisation du canal de propagation et de son environnement   **45**
    4.1. Impédance caractéristique 45
        4.1.1. Impédance caractéristique de la microstrip 45
        4.1.2. Impédance caractéristique de la stripline 46
        4.1.3. Impédance différentielle 48
        4.1.4. Conclusion 48
    4.2. Caractéristiques du diélectrique 48
        4.2.1. Diélectrique et permittivité 49
        4.2.2. Modélisation de la permittivité 49
        4.2.3. Mise en pratique des modèles 52
    4.3. Les pertes liées au conducteur 53
        4.3.1. Les pertes par effet de peau 53
        4.3.2. Les pertes dues à la rugosité 56
    4.4. Autres phénomènes physiques 58
        4.4.1. La densité de tressage 58
        4.4.2. Impact de l'environnement 59
    4.5. La diaphonie 62
        4.5.1. Représentation matricielle 62
        4.5.2. Modes de propagation 63
        4.5.3. Analyse modale appliquée aux paires différentielles 65
    4.6. Conclusion partielle 66

5. Les outils permettant de quantifier la qualité des liens MGH   **67**
    5.1. Coefficient de réflexion 67
        5.1.1. Taux d'ondes stationnaire (TOS) 68
    5.2. Paramètres S 68
        5.2.1. Paramètres S de réflexion 69
        5.2.2. Pertes d'insertion 70
        5.2.3. Paramètres S de couplage 70
    5.3. Paramètres S multi-modes 71
    5.4. Diagramme de l'oeil 73
        5.4.1. Construction d'un oeil 73
    5.5. Lien entre les paramètres S et l'ouverture de l'oeil 74

II. Étude du canal de propagation   78

1. Évaluation des simulateurs électromagnétiques pour la simulation des liens MGH   **79**
    1.1. Introduction 79
    1.2. Présentation du véhicule de test 81
        1.2.1. Ligne DTOP 82
        1.2.2. Ligne DREF 83

Table des matières

- 1.3. Cadence Allegro 83
    - 1.3.1. Ligne DTOP 84
    - 1.3.2. Ligne DREF 85
- 1.4. Agilent EMPro 85
    - 1.4.1. Ligne DTOP 86
    - 1.4.2. Ligne DREF 87
- 1.5. CST Microwave Studio 90
- 1.6. ANSYS SIwave, comparaison avec Microwave Studio 93
    - 1.6.1. Ligne DTOP 94
    - 1.6.2. Ligne DREF 95
- 1.7. Conclusion 96

2. Caractéristiques du canal MGH 97
- 2.1. Les pertes 97
- 2.2. Essais sur la caractérisation du FR4 98
    - 2.2.1. Introduction 98
    - 2.2.2. Méthodologie adoptée 99
    - 2.2.3. Conclusion 102
- 2.3. Maîtrise des impédances 103
    - 2.3.1. Dimensionnement des pistes 103
    - 2.3.2. Impédances : études diverses 104
- 2.4. Autres sources de dégradation du signal 107
    - 2.4.1. Les vias 107
    - 2.4.2. Les pastilles de test 112
    - 2.4.3. Les plans incomplets 115
- 2.5. Couplage avec les autres éléments de la carte 119
- 2.6. Conclusion 119

3. Conclusion partielle 121

III. Etude des liens MGH 122

1. Quantification et amélioration de la qualité d'un lien MGH 123
- 1.1. Quantifier la qualité d'une transmission 123
    - 1.1.1. BER 123
    - 1.1.2. Jitter 125
    - 1.1.3. Rôle du circuit de récupération de l'horloge 129
    - 1.1.4. Synthèse 130
- 1.2. Pré-accentuation et égalisation 130
    - 1.2.1. Pré-accentuation 130
    - 1.2.2. Égalisation analogique 131
    - 1.2.3. Égalisation numérique 132
    - 1.2.4. La pré-accentuation et l'égalisation dans les modèles de composants 136

      1.2.5. Conclusion 137
- 2. **Simulation d'un lien MGH** — 138
  - 2.1. Introduction 138
  - 2.2. Les solveurs circuits 140
    - 2.2.1. Peak Distorsion Analysis 140
    - 2.2.2. Moteurs de calculs statistiques 141
    - 2.2.3. Simulation en mode "bit-by-bit" 142
    - 2.2.4. Les moteurs de calculs disponibles dans les logiciels commerciaux . . 143
  - 2.3. Les modèles IBIS AMI 144
    - 2.3.1. Introduction 144
    - 2.3.2. Qu'est-ce qu'un modèle IBIS AMI ? 145
    - 2.3.3. Mise en oeuvre d'une simulation IBIS AMI 147
    - 2.3.4. Avenir de la norme 148
  - 2.4. Comparaison d'ADS 2011 et de Designer SI 6.0 148
    - 2.4.1. Étude fonctionnelle des deux logiciels 149
    - 2.4.2. Résultats donnés par ADS et Designer SI 152
- 3. **Mise en place des processus de pré-accentuation et d'égalisation** — 156
  - 3.1. Optimisation des coefficients 156
    - 3.1.1. Un outil fourni par le fabricant du FPGA 156
    - 3.1.2. Égalisation adaptative 157
    - 3.1.3. Méthodologie d'optimisation des coefficients 157
  - 3.2. Exemples de l'effet de l'égalisation sur un cas réel 160
    - 3.2.1. Présentation de la topologie étudiée 160
    - 3.2.2. Mise en données des simulations 161
    - 3.2.3. Calcul des diagrammes de l'oeil 161
    - 3.2.4. Conclusion 165
- 4. **Conclusion partielle** — 167

IV. Conception des liens MGH — 168

- 1. **Mise en place de scénarios de diaphonie** — 170
  - 1.1. Introduction 170
  - 1.2. Topologies étudiées 170
  - 1.3. Diaphonie entre liens MGH 172
    - 1.3.1. Diagrammes de l'oeil de référence 172
    - 1.3.2. Liens MGH sur une même couche 173
    - 1.3.3. Diaphonie dans le contexte HDI 173
    - 1.3.4. Conclusion 174
  - 1.4. Diaphonie entre liens MGH et signaux single-ended 175
    - 1.4.1. Introduction 175

Table des matières

      1.4.2. Diagrammes de l'oeil de référence 175
      1.4.3. Pistes sur la même couche 175
      1.4.4. Contexte HDI : Cas 1 176
      1.4.5. Contexte HDI : Cas 2 176
      1.4.6. Règles de conception 177
  1.5. Conclusion sur les analyses de diaphonie 177

2. Synthèse sur la conception des liens MGH   **186**
  2.1. Les simulations pré-routage 186
      2.1.1. Introduction 186
      2.1.2. Étude en transmission 186
      2.1.3. Étude en diaphonie 190
      2.1.4. Conclusion sur les simulations pré-routage 191
  2.2. Synthèse des solutions à apporter à chaque phénomène dégradant la transmission 191
      2.2.1. Présentation de la topologie étudiée 191
      2.2.2. Mise en données des simulations circuit 193
      2.2.3. Etude de MGH-DIA2 sans agresseur single-ended 193
      2.2.4. Etude de MGH-DIA2 avec un agresseur single-ended 196
      2.2.5. Impact du circuit de récupération d'horloge sur le jitter 200
      2.2.6. Conclusion 202
  2.3. Méthodologie de conception des liens MGH 204
      2.3.1. Méthodologie générale 204
      2.3.2. Méthodologie de pré-routage des liens MGH 204
      2.3.3. Méthodologie de post-routage des liens MGH 206
      2.3.4. Conclusion 206

3. Conclusion partielle   **208**

Conclusion générale   **211**

ANNEXES   **218**

A. Comparaison des simulateurs électromagnétiques pour la simulation des cartes électroniques   **218**
  A.1. Les types d'approximation des méthodes numériques 218
      A.1.1. Simulateurs 2D statiques 218
      A.1.2. Simulateurs 3D quasi-statiques 219
      A.1.3. Simulateurs 3D rigoureux 219
      A.1.4. Simulateurs 3D hybrides 220
  A.2. Les méthodes de résolution 220
      A.2.1. La méthode des moments 220

Table des matières

    A.2.2. La méthode des éléments finis 221
    A.2.3. La méthode des différences finies dans le domaine temporel 223
  A.3. Conclusion 223

B. Égalisation numérique   225
  B.1. Égalisation linéaire 225
    B.1.1. Critère du Zero-Forcing 226
    B.1.2. Égaliseur MMSE 227
  B.2. Mise en oeuvre des critères ZF et MMSE 227
    B.2.1. Mise en oeuvre du critère Zero-Forcing 227
    B.2.2. Mise en oeuvre du critère MMSE 228
    B.2.3. Conclusions 228
  B.3. Égalisation adaptative 228
    B.3.1. Algorithme LMS 229
    B.3.2. Algorithme RLS 230
    B.3.3. Égalisation autodidacte 230
    B.3.4. Égaliseur non linéaire à retour de décision 230

Table des figures

0.1. Composition d'un lien MGH 22

1.1. Loi de Moore [1] 25
1.2. Empilage classique des cartes numériques HDI 27
1.3. Règles de design et dimensions des vias [2] 27
1.4. Relation entre la technologie de vias choisie et le coût de fabrication du PCB [2] 28
1.5. Microvias in-pad et microvias stackés [2] 29
1.6. Croissance de la densité des broches des composants 29
1.7. Vue générale d'un lien MGH 31
1.8. Annulation du bruit de mode commun par une paire différentielle 31
1.9. Croissance des débits des liens série rapides disponibles sur les composants FPGA : exemple de la famille Stratix chez Altera 33
1.10. Rapport entre la puissance consommée par un transceiver et son débit [3] . 34

3.1. Définition des caractéristiques d'un signal numérique 39
3.2. Spectre d'un signal carré périodique idéal 40
3.3. Décomposition en série de Fourier d'un signal carré 41
3.4. Densité spectrale de puissance d'un signal NRZ codé 8b10b 42
3.5. Comparaison de la DSP d'un PRBS4 (gauche) et d'une horloge (droite) . . 43
3.6. Phénomène d'IES. a) Séquence binaire issue de l'émetteur ; b) Étalement des bits ; c) Signal vu par le récepteur 44

4.1. Embedded microstrip 46
4.2. Stripline asymétrique 47
4.3. Evolution de la permittivité en fonction de la fréquence 50
4.4. Modèle multipôle de Debye pour du FR4 [4] 51
4.5. Modèle monopôle de Debye 51
4.6. Modèle de Djordjevic-Sarkar du FR4 [4] 52
4.7. Epaisseur de peau en fonction de la fréquence 54
4.8. Résistance linéique en fonction de la fréquence 55
4.9. Répartition de la densité de charges dans la microstrip 55
4.10. Répartition de la densité de courant dans le plan de masse 56
4.11. Répartition de la densité de charges dans une stripline 56
4.12. Exemple de cartographie de la rugosité obtenue avec un profilomètre . . . 58
4.13. Routage en zig-zag (à gauche) ; Utilisation de tressages différents pour le routage des striplines (à droite) 59

Table des figures

4.14. Différentes densités de tressage de la fibre de verre dans le FR4 60
4.15. Mesure de la tangente de perte et de la permittivité relative du FR4 7628 pour différents extrêmes environnementaux 60
4.16. Impact de l'environnement sur les pertes d'une microstrip sur FR4 (à gauche) ; Evolution du coefficient de transmission d'une ligne microstrip en fonction du temps (à droite) 61
4.17. Near End et Far End Crosstalk - Couplage capacitif par la capacité mutuelle C_m (à gauche). Couplage inductif par l'inductance mutuelle L_m (à droite) . 62
4.18. Répartition du champ électrique en fonction du mode de propagation et de la topologie de la piste 64
4.19. Influence de la fréquence du signal dans la conversion de mode 65
4.20. Conversion du mode différentiel en mode commun en fonction de la fréquence du signal 66

5.1. Système à 2 ports 68
5.2. Coefficient de réflexion 69
5.3. Système 4 ports : couplage 70
5.4. Conservation du mode différentiel 71
5.5. Conversion du mode commun vers le mode différentiel 71
5.6. Conversion du mode différentiel vers le mode commun 72
5.7. Conservation du mode commun 72
5.8. Matrice des paramètres S multi-modes 73
5.9. Conversion des paramètres S single-ended vers les paramètres S multi-modes 73
5.10. Exemple de diagramme de l'oeil à 6,25 Gbps 74
5.11. Comparaison des paramètres S d'une ligne sans perte avec une ligne perturbée sur les premiers GHz 75
5.12. Influence du paramètre S21 sur l'oeil à la fréquence maximale du fondamentale 75
5.13. Comparaison des paramètres S d'une ligne sans perte avec une ligne perturbée au niveau de la troisième harmonique 76
5.14. Influence du paramètre S21 sur l'oeil à la fréquence maximale de la troisième harmonique 76
5.15. Comparaison des paramètres S d'une ligne sans perte avec une ligne perturbée au niveau de la cinquième harmonique 77
5.16. Influence du paramètre S21 sur l'oeil à la fréquence maximale de la cinquième harmonique 77

1.1. Comparaison des domaines de validité des simulateurs EM 79
1.2. Évaluation qualitative des simulateurs EM entre temps de calcul et précision des résultats 80
1.3. Stackup du VTIS 2009 81
1.4. Vue de dessus de l'implantation des pistes DREF et DTOP 82
1.5. Topologie de la ligne DTOP vue dans Allegro 82
1.6. Topologie de la ligne DREF vue dans Allegro 83
1.7. Paramètres S_{21} de BEM2D / EMS2D / Mesure (ligne DTOP) 84

Table des figures

1.8. Paramètres S_{21} de EMS2D (2 types de modélisation des vias) / Mesure (ligne DREF) 85
1.9. Modélisation du connecteur SMA dans EMPro 86
1.10. Couplage du connecteur SMA avec la ligne DTOP dans Allegro 86
1.11. Comparaison des simulations avec et sans connecteur(s) SMA (DTOP) ... 87
1.12. Modélisation 3D du connecteur et des vias pour la ligne DREF 88
1.13. Comparaison des paramètres S_{21} mesurés et simulés avec des modèles de vias 2D et 3D (DREF) 88
1.14. Modélisation de la ligne complète DTOP dans Microwave Studio 90
1.15. Segmentation de la ligne DREF pour optimiser le temps de calcul 91
1.16. Paramètres S_{21} obtenus avec CST lorsque la ligne DTOP est segmentée .. 91
1.17. Paramètres S_{21} obtenus avec CST lorsque la ligne DREF est segmentée .. 92
1.18. Paramètres S obtenus avec CST lorsque la ligne DTOP est prise dans sa globalité 93
1.19. Paramètres S obtenus avec CST lorsque la ligne DREF est prise dans sa globalité 93
1.20. Comparaison simulation CST / SIwave pour la ligne DTOP 94
1.21. Comparaison des temps de calcul CST / SIwave pour la ligne DTOP 95
1.22. Comparaison simulation CST / SIwave pour la ligne DREF 95
1.23. Comparaison des temps de calcul CST / SIwave pour la ligne DTOP 96

2.1. Pertes en fonction de la fréquence 98
2.2. Stackup choisi pour l'implantation des filtres 99
2.3. Topologie du filtre retenue 99
2.4. Exemple du filtre 2 GHz implanté sur le TOP de la carte. Mesure ($f_0 \approx 1,8 GHz$) et simulation ($f_0 \approx 2,2 GHz$). 100
2.5. Présence de pastilles destinées à équilibrer le remplissage de cuivre sur les couches externes 101
2.6. Compromis sur l'espacement des canaux P et N 103
2.7. Performance d'un lien MGH en fonction "w" 105
2.8. Structure générale d'un via [5] 108
2.9. Effet stub [6] 109
2.10. Impact du stub d'un connecteur SMA sur les paramètres S_{21}. Courbe noire : SMA en TOP, courbe bleue : SMA en BOTTOM 109
2.11. a) Structure standard, b) Coax-like 1 via, c) Coax-like 4 vias, d) Coax-like 10 vias 110
2.12. Paramètres S_{21} des structures coax-like...................... 111
2.13. Structure optimisée de vias différentiels 112
2.14. Comparaison de deux technologies microvias. Classique à gauche, stackée à droite. 112
2.15. Paramètres S_{21} des structures classiques et stackées avec ou sans via(s) de masse 113

Table des figures

2.16. Optimisation des structures par l'ajout de 4 vias de masse. Classique à gauche, stackée à droite. 113
2.17. Pastille de test de 0.6 mm de diamètre implantée sur une piste 114
2.18. Pastilles de test déportées des pistes 114
2.19. Influence du diamètre de la pastille de test sur le paramètre S_{21} 115
2.20. Utiliser des capacités de taille inférieure ou égale au 0402 et retirer la masse sous les pastilles 116
2.21. Suppression du plan (de masse ou d'alimentation) sous la pastille accueillant l'âme central du connecteur SMA (2 vues) 116
2.22. Comparaison des paramètres S_21 avec et sans optimisation de l'impédance caractéristique de la pastille d'accueil du connecteur SMA 117
2.23. Au niveau du pinout du composant, la structure n'est pas adaptée 118
2.24. Paire différentielle routée entre deux plans d'alimentation 119
2.25. Plan partiel modifiant localement l'impédance caractéristique des pistes . . 120

1.1. BER obtenu en fonction de la position du point de décision dans l'oeil . . . 124
1.2. Exemple de courbe en baignoire 125
1.3. Représentation de RJ et DJ sur la courbe en baignoire 126
1.4. Les différentes composantes du jitter 128
1.5. Synthèse sur la décomposition du jitter 128
1.6. Compensation des ISI avec la pré-accentuation 131
1.7. Synoptique du filtre de pré-accentuation 132
1.8. Combinaison de la pré-accentuation et de la dés-accentuation sur le 1er post-tap 132
1.9. Synoptique de l'égalisation linéaire 133
1.10. Exemple de réponse impulsionnelle d'un canal 134
1.11. Synoptique de l'égalisation à retour de décision 136

2.1. Exemple de diagramme de l'oeil issu d'un calcul statistique 141
2.2. Réponse du canal (output) à une impulsion (input) 142
2.3. Superposition du flot binaire 143
2.4. Synoptique d'une simulation avec un modèle IBIS AMI 146
2.5. Communication "Backchannel" 148
2.6. Fenêtre principale d'ADS permettant de faire de la schématique 150
2.7. Fenêtre de configuration des modèles IBIS AMI dans ADS 150
2.8. Fenêtre principale de Designer SI destinée à la schématique 151
2.9. Fenêtre de configuration des modèles IBIS AMI dans Designer SI 152
2.10. Configuration de la mesure 153
2.11. Paire différentielle GXB2_TX1 étudiée (en rouge) 154
2.12. Diagrammes de l'oeil de GXB2_TX1 à 6.25 Gbps 155

3.1. Interface de supervision de l'optimisation dans ADS 158
3.2. Configuration de l'optimisation dans la fenêtre schématique d'ADS 158
3.3. Méthodologie d'optimisation de la pré-accentuation et de l'égalisation 159

Table des figures

3.4. Véhicule de test conçu à THALES 160
3.5. Les cinq premières couches du VTIS 2008 160
3.6. Topologie étudiée 161
3.7. Oeil de MGH-DIA2 à 5 Gbps sans codage et sans égalisation. Mesure à gauche, simulation à droite. 162
3.8. Oeil de MGH-DIA2 à 5 Gbps avec codage 8b10b et sans égalisation. Mesure à gauche, simulation à droite. 162
3.9. Oeil de MGH-DIA2 à 5 Gbps sans codage, avec égalisation FFE calculée par l'oscilloscope. Mesure à gauche, simulation à droite. 163
3.10. Oeil simulé de MGH-DIA2 à 5 Gbps sans codage, avec égalisation FFE calculée par ADS. 164
3.11. Oeil de MGH-DIA2 à 5 Gbps sans codage, avec égalisations FFE et DFE calculées par l'oscilloscope. Mesure à gauche, simulation à droite. 165
3.12. Oeil simulé de MGH-DIA2 à 5 Gbps sans codage, avec égalisations FFE et DFE calculées par ADS. 165

1.1. Stackup dans lequel sont implantés les scénarios de diaphonie 171
1.2. Vue en coupe du stackup. Configurations microstrip et microstrip enterrée (en haut), stripline (en bas) 171
1.3. Paramètres de transmission du mode différentiel des paires différentielles seules (10 cm de long) 172
1.4. Oeil de référence pour une longueur de 40 cm. 2,5 Gbps à gauche et 8 Gbps à droite. 178
1.5. Ouverture de l'oeil des paires différentielles sans couplage 179
1.6. Diaphonie entre liens MGH sur la même couche 179
1.7. Impact de la diaphonie sur le lien MGH victime pour un couplage de 10 cm (Débit agresseur (Gbps) / Débit victime (Gbps)) 179
1.8. Impact de la diaphonie sur le lien MGH victime pour un couplage de 40 cm (Débit agresseur (Gbps) / Débit victime (Gbps)) 180
1.9. Diaphonie entre liens MGH sur couches adjacentes 180
1.10. Impact de la diaphonie sur le lien MGH victime, couplage de 10 cm, $d_{12} = w$ (Débit couche 2 (Gbps) / Débit couche TOP (Gbps)) 180
1.11. Impact de la diaphonie sur le lien MGH victime, couplage de 40 cm, $d_{12} = w$ (Débit couche 2 (Gbps) / Débit couche TOP (Gbps)) 181
1.12. Oeil de la victime pour $d = 2w$, couplage de 40 cm, $d_{12} = w$ 182
1.13. Dégradation de l'oeil de la victime pour un couplage de 10 cm (Débit agresseur (Gbps) / Débit victime (Gbps)) 183
1.14. Dégradation de l'oeil de la victime pour un couplage de 40 cm (Débit agresseur (Gbps) / Débit victime (Gbps)) 183
1.15. Dégradation de l'oeil de la victime pour un couplage de 10 cm et $d_{12} = w$ (Débit couche 2 (Gbps) / Débit couche TOP (Gbps)) 184
1.16. Dégradation de l'oeil de la victime pour un couplage de 40 cm et $d_{12} = w$ (Débit couche 2 (Gbps) / Débit couche TOP (Gbps)) 184

Table des figures

1.17. Lien MGH entouré de signaux single-ended 184
1.18. Dégradation de l'oeil de la victime, couplage de 10 cm (Débit couche 2 (Gbps) / Débit couche TOP (Gbps)) 185
1.19. Dégradation de l'oeil de la victime, couplage de 40 cm (Débit couche 2 (Gbps) / Débit couche TOP(Gbps)) 185

2.1. Vue post-routage de la paire différentielle 187
2.2. Modélisation pré-routage à l'aide de modèles génériques 187
2.3. Comparaison pré-routage / post-routage / mesure de la transmission sur un des brins de la paire différentielle 188
2.4. Comparaison pré-routage / post-routage / mesure de la réflexion sur un des brins de la paire différentielle 188
2.5. Comparaison des ouvertures de l'oeil pré- et post-routage à 6,25 Gbps . . . 189
2.6. Comparaison des ouvertures de l'oeil pré- et post-routage à 11,3 Gbps . . . 189
2.7. Vue post-routage du scénario de diaphonie 190
2.8. Topologie étudiée 192
2.9. Zoom sur le couplage 193
2.10. Vue en coupe 193
2.11. Conversion d'un modèle IBIS en IBIS AMI 194
2.12. Oeil de MGH-DIA2 à 1 Gbps sans agresseur single-ended. Mesure à gauche, simulation à droite(canal SIwave) 195
2.13. Déclaration de jitter additionnel dans les modèles IBIS AMI (ADS 2012) . . 195
2.14. Oeil de MGH-DIA2 à 1 Gbps agressé par SSN-SIGA-79 à 50 MHz. Mesure à gauche, simulation à droite (canal SIwave). 196
2.15. Comparaison des paramètres S de couplage calculés par SIwave et HFSS . . 197
2.16. Structure simulée dans HFSS 198
2.17. Oeil de MGH-DIA2 à 1 Gbps sans agresseur single-ended. Mesure à gauche, simulation à droite (canal HFSS). 198
2.18. Oeil de MGH-DIA2 à 1 Gbps agressé par SSN-SIGA-79 à 50 MHz. Mesure à gauche, simulation utilisant le canal modélisé par HFSS à droite. 199
2.19. Oeil de MGH-DIA2 à 1 Gbps agressé par SSN-SIGA-79 à 1 MHz. Mesure à gauche, simulation utilisant le canal modélisé par HFSS à droite. 200
2.20. Oeil de MGH-DIA2 à 1 Gbps sans agresseur single-ended avec CDR de 600 kHz. 201
2.21. Momentum : une solution intermédiaire à SIwave et HFSS 203
2.22. Méthodologie de pré-routage des liens MGH. Flèches vertes : OK, flèches rouges : KO. 205
2.23. Méthodologie de post-routage des liens MGH. Flèches vertes : OK, flèches rouges : KO. 207

A.1. Catégorie des méthodes de résolution pour les études CEM appliquées aux cartes électroniques 220
A.2. Maillage typique de la méthode des moments. Les cellules peuvent être triangulaires ou trapézoïdales 221

Table des figures

A.3. Discrétisation du domaine par la méthode FEM 222
A.4. Maillage typique de la méthode FEM 222
A.5. Cellule de Yee 223
A.6. Maillage typique de la méthode FDTD 224

B.1. Synoptique de l'égalisation linéaire 225
B.2. Réponse impulsionnelle $\{g_k\}$ du canal. 226
B.3. Synoptique de l'égalisation à retour de décision 231

Liste des tableaux

0.1.	Exemples de protocoles MGH	22
1.1.	Comparaison de l'efficacité surfacique d'un bus parallèle (AGP) avec un bus série (PCIe 3.0)	34
2.1.	Permittivités données par Hitachi en fonction de la fréquence et de la densité de tressage	100
2.2.	Comparaison des valeurs mesurées avec celles données par le fabricant Hitachi	101
2.3.	Comparaison des tangentes de pertes mesurées avec celles données par Hitachi (avant correction)	102
2.4.	Comparaison des tangentes de pertes mesurées avec celles données par Hitachi (après correction)	102
2.5.	Ouverture de l'oeil en fonction de l'impédance différentielle du lien MGH pour un débit de 6,25 Gbps	105
2.6.	Impact de la variation de l'épaisseur du diélectrique sur l'impédance d'une microstrip	106
2.7.	Impact de la variation de l'épaisseur du diélectrique sur l'impédance d'une microstrip enterrée	106
2.8.	Impact de la variation de l'épaisseur du diélectrique sur l'impédance d'une stripline	107
1.1.	Coefficient multiplicateur Q_{BER} en fonction du taux d'erreur binaire	127
2.1.	Synthèse de la stratégie de simulation en fonction du débit	140
2.2.	Moteurs de calculs disponibles dans ADS et leurs applications	143
3.1.	Coefficients des FFE et DFE calculés par l'oscilloscope	164
3.2.	Coefficients des FFE et DFE calculés par les modèles génériques	165
1.1.	Impact de la position des liens en couche 2 par rapport à ceux en microstrip, débit de 8 Gbps, $d = 2w$	174
1.2.	Synthèse des règles pour des couplages entre liens MGH	174
1.3.	Diagrammes de référence calculés par les modèles génériques	175
2.1.	Ouverture de l'oeil d'un des liens MGH lorsque ceux-ci sont espacés de 1w	190
2.2.	Ouverture de l'oeil d'un des liens MGH lorsque ceux-ci sont espacés de 2w	191
2.3.	Décomposition de Jitter de MGH-DIA2 mesuré sans agresseur single-ended	195

Liste des tableaux

2.4. Décomposition du jitter de MGH-DIA2 en présence de SSN-SIGA-79 à 50 MHz 199
2.5. Décomposition du jitter de MGH-DIA2 en présence de SSN-SIGA-79 à 1 MHz 200
2.6. Décomposition du jitter de MGH-DIA2 en présence d'une CDR de 600 kHz 201
2.7. Stratégie à adopter en fonction de phénomène dégradant 203

Glossaire

ACCM : Alternating Current Common Mode conversion
AGP : Accelerated Graphics Port
AMI : Algorithmic Modeling Interface
BER : Bit Error Rate
BGA : Ball Grid Array
BIRD : Buffer Issue Resolution Documents
BUJ : Bounded Uncorrelated Jitter
CAO : Conception Assistée par Ordinateur
CDR : Clock and Data Recovery
CEI : Common Electrical I/O
CEM : Compatibilité ElectroMagnétique
CIFRE : Conventions Industrielles de Formation par la REcherche
CPU : Central Processing Unit
CTLE : Continuous Time Linear Equalizer
CUDA : Compute Unified Device Architecture
DC : Direct Current
DCD : Duty Cycle Distorsion
DDJ : Data Dependant Jitter
DDR : Double Data Rate
DFE : Digital Feedback Equalizer
DJ : Deterministic Jitter
DSP : Densité Spectrale de Puissance
FDTD : Finite Difference Time Domain
FEM : Finite Element Methode
FEXT : Far-End Crosstalk
FIR : Finite Impulse Response
FPGA : Field Programmable Grid Array
FR4 : Flame Resistant 4
Gbps : Gigabit par seconde
GPU : Graphics Processing Unit
HDI : High Density Interconnects
I/O : Input/Output (Entrée/Sortie)
IES : Interférences Entre Symboles
IS : Intégrité du Signal
ISI : Inter Symboles Interference
LMS : Least Mean Square
LTI : Linear and Time Invariant

Liste des tableaux

MCR : Matlab Compiler Runtime
MGH : Multi-GigaHertz
MMSE : Minimum Mean Square Error
MMTL : Multilayer Multiconductor Transmission Line MoM : Method of Moments
NEXT : Near-End Crosstalk
NFP : Non Functional Pads
NLTV : Non Linear and Time Variant
NRZ : Non Retour à Zéro
OS : Operating System
PCB : Printed Circuit Board
PCIe : Peripheral Component Interconnect Express
PDA : Peak Distorsion Analysis
PELE : Pre-emphasis and Equalization Link Estimator
PJ : Periodic Jitter
PLL : Phase Locked Loop
PRBS : Pseudo Random Bit Stream
PTFE : PolyTetraFluoroEthylène
PTH : Plated Through Hole
RAM : Random Access Memory
RF : Radio Frequency
RGMII : Reduced Gigabit Media Independant Interface
RJ : Random Jitter
RLS : Recursive Least Square
SATiE : Systèmes et Applications des Technologies de l'Information et de l'Energie
SERDES : SERializer DESerializer
SJ : Sinusoidal Jitter
SoC : System on Chip
SSN : Simultaneous Switching Noise
TDR : Time Domain Reflectometry
TEM : Transverse ElectroMagnetique
TJ : Total Jitter
TOS : Taux d'Ondes Stationnaires
UI : Unit Interval
ZF : Zero-Forcing

Introduction générale

La deuxième loi de Gordon Moore, établie en 1975, prédit que le nombre de transistors au sein d'une puce de silicium doublerait tous les deux ans. Aujourd'hui, ce postulat s'avère toujours vrai et les industriels proposent des produits embarquant de plus en plus de fonctionnalités dans un encombrement minimum. L'augmentation de la densité des cartes électroniques, ci-après désignées "cartes", provoque de plus en plus de problèmes d'Intégrité du Signal (IS). Afin de limiter la densité des cartes tout en ajoutant des nouvelles fonctionnalités, les liens séries rapides (ou Multi-GigaHertz, MGH) sont de plus en plus utilisés.

C'est dans ce contexte que cette thèse a été réalisée, en collaboration avec la société THALES Communications & Security et le laboratoire SATiE de l'ENS de Cachan (CIFRE). Le service ayant été intégré à THALES conçoit des cartes électroniques numériques appliquées aux télécommunications, principalement militaires. Tout comme pour les applications civiles, le domaine de la Défense subit la croissance de la densité et de la complexité des cartes. De ce fait, il devient de plus en plus difficile de fabriquer des cartes fonctionnant au premier essai sans une analyse approfondie de l'intégrité des signaux et du réseau d'alimentation. Afin de mener efficacement ces analyses, une méthodologie intégrant des outils de simulation de dernière génération et nécessitant des compétences spécifiques doit être suivie. C'est pour cette raison que plusieurs thèses couvrant différents aspects de l'intégrité du signal et de l'intégrité de puissance ont été menées à THALES [7] [8].

Lors d'une précédente thèse, une méthodologie a été définie pour l'étude des signaux numériques que nous qualifierons de "classiques" car le débit dépasse rarement 1 Gbps (Gigabit par seconde). Les liens MGH étant de plus en plus employés et ayant des caractéristiques assez différentes des signaux classiques, il était nécessaire d'établir une méthodologie qui leur est spécifique. Les liens MGH sont basés sur une transmission série à l'aide d'une signalisation différentielle. Cela signifie que le signal et son complément (opposition de phase) sont émis sur deux pistes couplées, permettant au récepteur d'annuler le bruit de mode commun par soustraction des deux signaux (figure 0.1). C'est donc en partie grâce à cette immunité au bruit que les liens MGH sont robustes face à la diaphonie même à haut débit. La montée en fréquence de ces signaux amplifie toutefois certains autres phénomènes tels que les pertes et les réflexions. Afin de limiter l'impact de ces phénomènes, les transceivers, contraction anglaise de "transmitter" (TX) et "receiver" (RX), comportent des processus de compensation appelés pré-accentuation et égalisation. En effet, FPGA (Field Programmable Grid Array) et processeurs intègrent des transceivers de plus en plus performants permettant de transmettre des signaux multi-gigabits sur plusieurs dizaines de centimètres sur des matériaux à faibles coûts tel que le FR4 (Flame Resistant 4). Le FR4 fait parti des contraintes industrielles, il est donc nécessaire de connaître ses caractéristiques électriques afin de le modéliser correctement et d'assurer la bonne transmission de la majorité des protocoles MGH (tableau 0.1).

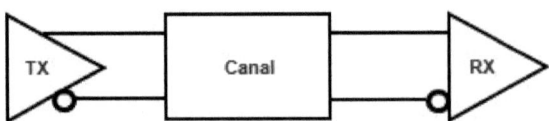

FIGURE 0.1.: Composition d'un lien MGH

Protocole	Débit	Application
PCIe 2.0	5 Gbps	Puce-à-puce, Backplane
PCIe 3.0 [9]	8 Gbps	Puce-à-puce, Backplane
Serial RapidIO 2.0	1,25 à 6,25 Gbps	Puce-à-puce, Backplane
SATA 3.0 [10]	6 Gbps	Puce-à-puce, Backplane
IEEE 802.3ba 40G	10,3125 Gbps (Multiplexage des canaux)	Puce-à-puce, Backplane
IEEE 802.3ba 100G	10,3125 ou 25 Gbps (Multiplexage des canaux)	Puce-à-module optique

TABLE 0.1.: Exemples de protocoles MGH

Les analyses d'intégrité du signal doivent avoir une place sur tout le cycle en "V" des cartes électroniques. En effet, plus les problèmes sont anticipés tôt dans la phase de conception, moins les modifications seront coûteuses. Des règles de routage génériques doivent donc être établies ainsi qu'une méthodologie pré-routage afin de contraindre le routage des cartes de façon spécifique. L'implantation des pistes terminées, une méthodologie post-routage est nécessaire à la validation du bon fonctionnement des liens MGH dans leur environnement.

Dans la première partie, nous décrirons plus en détail le contexte et les objectifs de la thèse mais également le fonctionnement des liens MGH, leurs avantages et leurs inconvénients. La deuxième partie est consacrée au choix d'un outil de simulations électromagnétiques permettant d'extraire le canal de propagation et son environnement avec le meilleur compromis temps/précision. Nous verrons également à l'aide d'exemples comment maîtriser les différents éléments du canal afin de limiter sa dégradation. La troisième partie traitera de la simulation des liens MGH complets. Pour ce faire, des logiciels de simulation circuit seront évalués et différents modèles de composants comparés. Ceux-ci permettront de choisir la méthodologie d'optimisation des processus de pré-accentuation et d'égalisation la plus adaptée. Enfin, la dernière partie est une synthèse des trois premières puisqu'elle présente le flot de simulation complet, des règles de routage en présence de diaphonie et une technique permettant d'identifier les phénomènes les plus dégradants, à l'aide de la décomposition du jitter. Les méthodologies pré- et post-routage pourront être établies.

Première partie .

Contexte de l'étude

1. Besoins et contraintes industriels

1.1. Introduction

Comme l'avait prévu Gordon Moore en 1975, le nombre de transistors des microprocesseurs sur une puce de silicium a doublé tous les deux ans jusqu'à aujourd'hui (figure 1.1). Cela permet aux fabricants de circuits intégrés de proposer des composants toujours plus complexes, intégrant plus de fonctionnalités, comme dans le cas des System on Chip (SoC) et des System in Package (SiP), ou pouvant disposer de très nombreuses entrées/sorties, comme dans le cas des composants programmables de type FPGA (par exemple, le Virtex 7 de Xilinx possède $7*10^9$ transistors). Dans le cas des fabricants de cartes électroniques, cela se traduit d'une part par une intégration toujours plus importante avec comme objectif de minimiser l'encombrement, le poids, la consommation, et d'autre part par l'utilisation de liaisons numériques toujours plus performantes entre les composants. Cette évolution technologique rapide conduit à l'augmentation des problèmes d'intégrité des signaux sur les cartes électroniques. Dans un contexte industriel concurrentiel, l'objectif est d'augmenter les performances des produits tout en baissant leur coût de conception et de production. Cela passe par l'utilisation de matériaux bons marchés tel que le FR4 et la fabrication de carte fonctionnant au premier essai, c'est-à-dire sans mettre en oeuvre de prototypes intermédiaires. Les cartes étant denses et multi-couches, la résolution de défauts de conception est quasiment impossible une fois la carte fabriquée. Pour toutes ces raisons, la mise en place d'outils de simulation sophistiqués associés à une méthodologie de vérification des signaux s'avèrent aujourd'hui indispensables.

1.2. Description d'une carte électronique

La thèse s'est déroulée dans le centre de compétences "hardware" de la société THALES Communications and Security qui conçoit des cartes électroniques pour les applications de télécommunications. Une carte électronique est composée de deux éléments : les composants et le circuit imprimé (PCB).

1.2.1. Les composants

Parmi les composants implantés sur le circuit imprimé des cartes numériques, nous trouvons :

– Les passifs tels que les condensateurs, les résistances et les inductances. Ils sont principalement utilisés à la mise en oeuvre des circuits d'alimentation et d'adaptation des signaux ainsi qu'à la configuration des composants actifs.

1. Besoins et contraintes industriels

- Les composants analogiques permettent l'implantation des réseaux d'alimentation tandis que les composants numériques sont dédiés au traitement et au calcul des données. Les composants actifs occupent environ la moitié de la surface disponible sur les cartes.
- Les connecteurs et autres composants divers tels que des diodes ou des transistors.

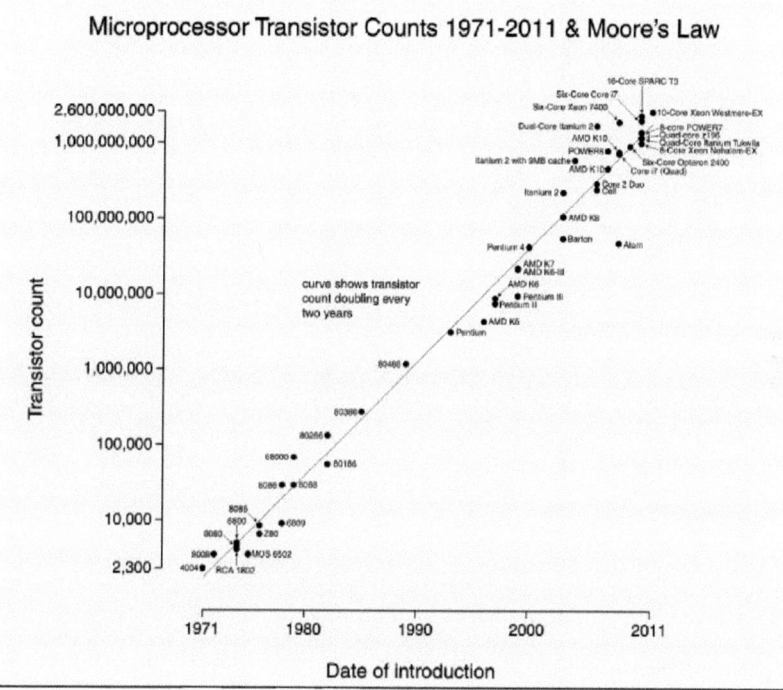

FIGURE 1.1.: Loi de Moore [1]

1.2.2. Le circuit imprimé

Le circuit imprimé assure le support mécanique et les interconnexions électriques des composants cités ci-dessus. Il est constitué d'un empilement de couches (stackup) de matériaux conducteurs et de matériaux isolants dans lesquels les interconnexions des composants sont routées.

1. Besoins et contraintes industriels

Dans notre cas, les conducteurs sont en cuivre et se présentent sous forme de pistes, de pastilles (pads), de traversées (vias) ou de plans de référence ou d'alimentation.

Les couches de cuivre associées aux plans et aux pistes sont séparées par des couches isolantes constituées de matériaux diélectriques. Dans le domaine de l'électronique numérique, le diélectrique le plus utilisé est le FR4 (Flame Resistant) du fait de son prix bon marché et de ses performances acceptables. Le FR4 est constitué d'un tissu de verre imprégné d'une résine polymérisée dans le cas d'un stratifié ou pré-polymérisée dans le cas d'un pré-imprégné (pre-preg). Le stratifié est généralement revêtu d'une couche de cuivre sur ses deux faces. Du fait de sa polymérisation partielle, le pré-imprégné permet une bonne adhérence avec les couches adjacentes, contrairement au stratifié. Il est donc utilisé dans l'assemblage de stratifiés et/ou de couches de cuivre [11]. La connaissance des propriétés diélectriques des différentes couches de FR4 est très importante car ces dernières ont un impact direct sur la propagation des signaux et donc globalement sur l'intégrité du signal. Elle est nécessaire lors de la conception de l'empilement de couche pendant le dimensionnement du PCB.

Les vias sont des trous métallisés permettant l'interconnexion des couches. Il existe différents types de vias (figure 1.2) :

- Les vias traversants (ou PTH, Plated Through Hole) traversent le PCB sur toute son épaisseur.
- Les vias enterrés (buried vias) lient électriquement les couches internes, majoritairement stratifiées.
- Les microvias (ou $\mu vias$) assurent la liaison entre deux couches externes à condition qu'elles soient adjacentes.

Le choix de telle ou telle technologie de vias se fait en fonction des contraintes de coût, de densité du circuit, mais également d'intégrité du signal. Comme le montre les figures 1.3 et 1.4, des règles de design très strictes sur le dimensionnement des vias sont données par les fabricants de PCB et l'utilisation de microvias et de vias enterrés augmente le prix du circuit de façon non négligeable.

1.3. Évolutions technologiques des cartes

Les évolutions technologiques des cartes tendent vers leur miniaturisation et l'augmentation de leurs performances. La densité de points au dm^2 relevée sur les cartes était déjà supérieure à 8000 en 2008. Pour continuer à densifier les cartes, il faut être capable d'augmenter la surface relative dédiée au routage et celle destinée à l'accueil des composants. L'épaisseur du PCB faisant partie des contraintes de conception, il n'est pas toujours possible aujourd'hui de dépasser 16 couches.

1. Besoins et contraintes industriels

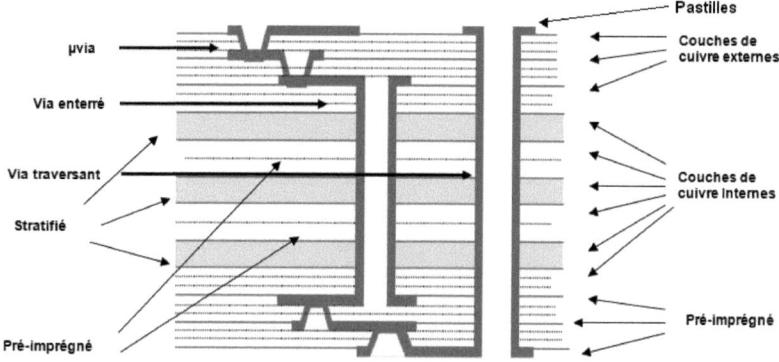

FIGURE 1.2.: Empilage classique des cartes numériques HDI

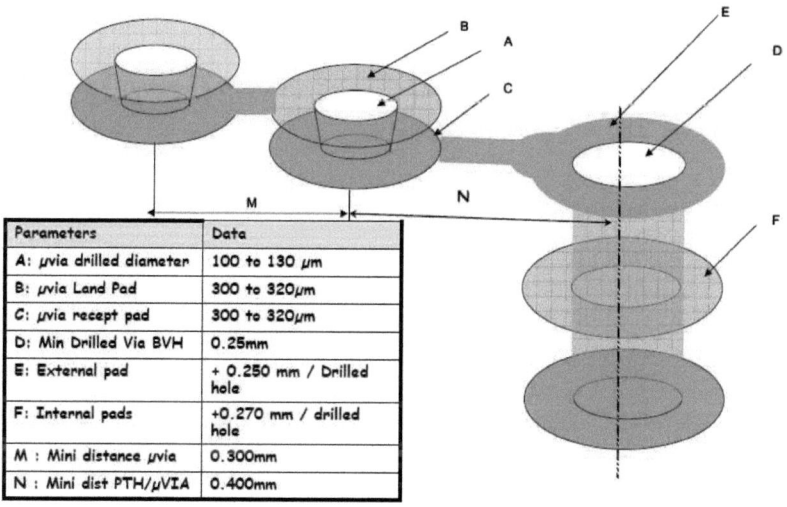

FIGURE 1.3.: Règles de design et dimensions des vias [2]

Une première solution consiste à réduire la largeur des pistes. En effet, la majorité des cartes numériques conçues actuellement sont routées avec une finesse de gravure de $120\mu m$ mais certaines cartes sont gravées en $100\mu m$ voir $75\mu m$. Des projets de recherche européens

1. Besoins et contraintes industriels

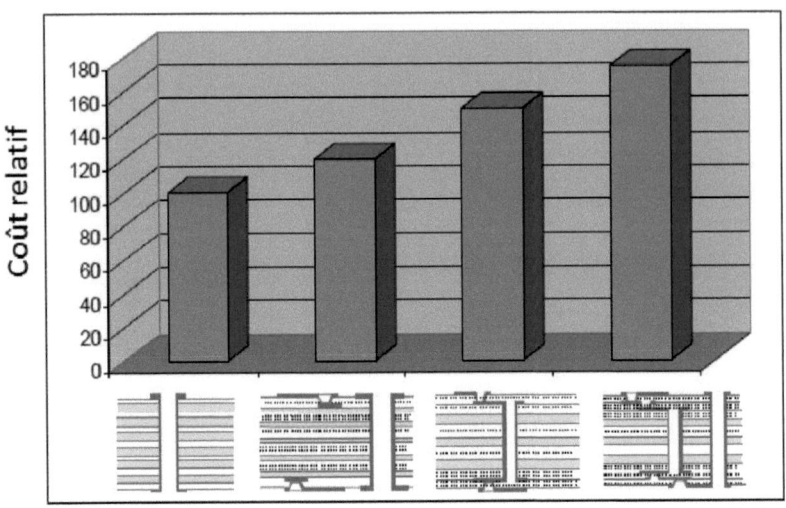

FIGURE 1.4.: Relation entre la technologie de vias choisie et le coût de fabrication du PCB [2]

tentent de définir les technologies permettant d'atteindre de manière fiable des largeurs de pistes inférieures à $50\mu m$ et pouvant aller jusqu'à $15\mu m$. L'évolution des dimensions des pistes doit s'accompagner de l'utilisation de nouvelles technologies de vias. Dans ce cadre, de nouveaux types de vias ont été validés récemment en environnements sévères. Il s'agit des microvias in-pad et des microvias stackés [12] qui sont respectivement des microvias pouvant être connectés directement aux billes de soudure des composants et des microvias remplis de cuivre et empilés (figure 1.5). Nous développerons ce point dans la suite de la thèse.

Le gain de densité des cartes est également rendu possible grâce à l'utilisation de composants de plus en plus petits, entraînant la diminution des distances entre les broches. Pour les composants actifs, le pas entre broches, également appelé "pitch", est passé de 1,27 mm à 0,4 mm en quelques années (figure 1.6). De son côté, la technologie des passifs évolue rapidement elle aussi : les boitiers 0402 (1x0,5 mm)couramment utilisés seront bientôt remplacés par des boîtiers 0201 (0,6x0,3 mm)et 01005 (0,4 x 0,2 mm). Enfin, des projets collaboratifs européens effectuent des recherches sur l'enfouissement des composants passifs et actifs dans les PCB [13].

1. Besoins et contraintes industriels

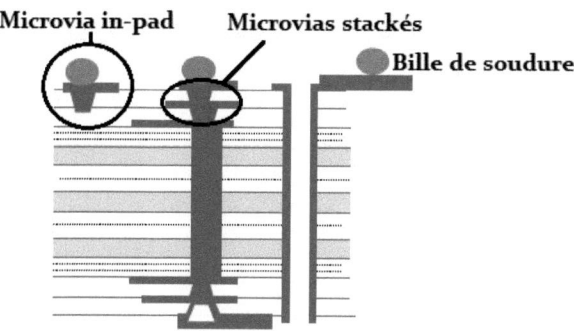

FIGURE 1.5.: Microvias in-pad et microvias stackés [2]

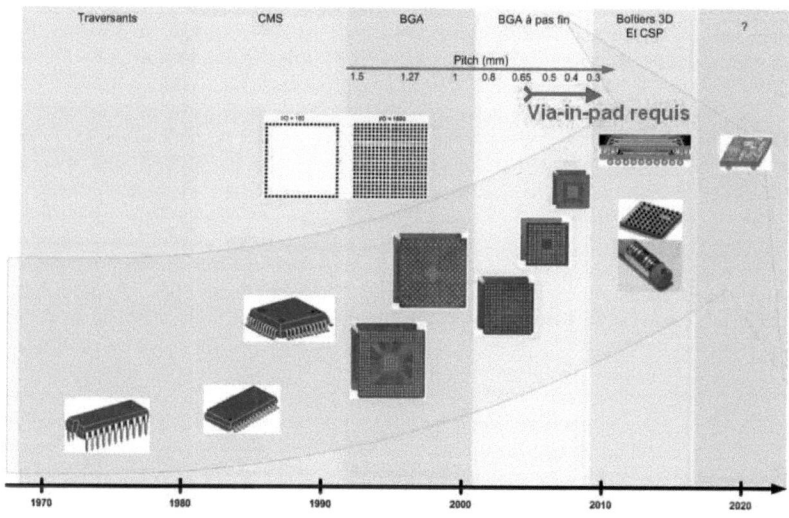

FIGURE 1.6.: Croissance de la densité des broches des composants

Actuellement, la solution la plus utilisée pour pallier au manque de place sur les cartes consiste à augmenter le débit des signaux. Cela passe par l'utilisation croissante de liens série rapides également appelés liens MGH (MultiGigaHertz) dans la suite. Le remplacement de bus parallèles (DDR2, DDR3, RGMII, etc) où les signaux sont référencés par rapport à une masse commune par des liaisons séries différentielles rapides permet en effet de diminuer drastiquement le nombre de liaisons en gardant un débit global équivalent, au prix de contraintes beaucoup plus fortes sur les signaux. Les exemples industriels les plus répandus de ces transitions sont les bus PCI express et les bus Serial ATA utilisés dans les cartes mère d'ordinateurs.

1.4. Utilisation croissante des liens Multi-GigaHertz

1.4.1. Présentation des liens MGH

Introduction

Sur un bus de données, lorsque les interconnexions entre des émetteurs et les récepteurs sont implantées avec une ligne dédiée à la transmission de chaque bit, nous parlons de signalisation "single-ended". Les bus conçus suivant ce type de signalisation fonctionnent correctement jusqu'à 2 Gbps environ. Lorsque le débit augmente, il devient difficile de maintenir une intégrité du signal convenable car les systèmes numériques sont bruités. Par exemple, les grandes matrices d'entrées/sorties (I/O) utilisées pour l'émission de données numériques sur un bus induisent du bruit appelé "Simultaneous Switching Noise" (SSN) sur les plans d'alimentations et de masses [14]. Il existe de nombreuses autres sources de bruit pouvant fortement dégrader l'intégrité des signaux comme la diaphonie ou un chemin de retour du courant non idéal [15]. En single-ended, chaque bit de donnée est transmis sur une seule ligne de transmission et est synchronisé par le bus d'horloge au niveau du récepteur. La décision de l'état "1" ou "0" est déterminée en comparant le signal reçu à une tension de référence v_{ref}. Si la tension du signal reçu est supérieure à v_{ref}, l'état du bit sera à "1" sinon il sera à "0". Les bruits de l'émetteur et du récepteur, les lignes de transmission, les plans de référence ou les circuits d'horloge dégraderont la relation entre l'onde reçue et v_{ref}. Si l'amplitude du bruit est suffisamment importante, le circuit de décision peut faire le choix d'un état incorrect introduisant des erreurs dans le système.

Une stratégie permettant de réduire significativement les effets du bruit sur les performances du système est d'utiliser une signalisation différentielle : deux lignes de transmission émettent le même signal en opposition de phase, et le récepteur réalise la différence des tensions afin de récupérer le signal. Les liens MGH utilisent cette signalisation différentielle couplée à une transmission série.

Composition d'un lien MGH

Comme le montre la figure 1.7, un lien MGH est composé d'un émetteur et d'un récepteur différentiels, tout deux reliés par le canal de propagation. L'émetteur envoie un signal dit positif v_p sur l'une de ses broches et son complément dit négatif v_n sur son autre broche. Les impédances de terminaison, notées R_{term} sont la plupart du temps intégrées au sein des transceivers et doivent être égales à l'impédance différentielle du lien MGH afin de limiter les réflexions (en général 100Ω). La partie 5.1 explique plus en détail ce phénomène.

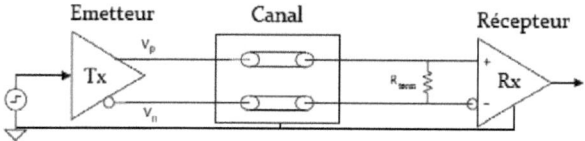

FIGURE 1.7.: Vue générale d'un lien MGH

Avantages et inconvénients des paires différentielles

Les signaux différentiels sont très efficaces pour annuler le bruit de mode commun qui est défini comme étant un bruit agressant la paire différentielle de manière globale à l'instar d'un couplage champ / câble (figure 1.8). Si un bus est implanté à proximité d'une paire différentielle dont les brins présentent un bon couplage, alors le bruit induit sur le canal Positif (P) est approximativement le même que celui induit sur le canal Négatif (N). En supposant que le récepteur offre une bonne capacité de rejet du mode commun sur une bande de fréquence suffisante, la plus grande partie de ce bruit sera éliminée. Par exemple, si un bruit d'amplitude v_{noise} est couplé identiquement sur P et N, nous avons alors la relation 1.1 au niveau du récepteur.

$$v_{diff} = (v_p + v_{noise}) - (v_n + v_{noise}) = v_p - v_n \qquad (1.1)$$

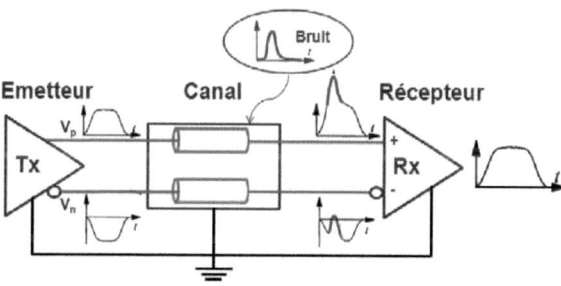

FIGURE 1.8.: Annulation du bruit de mode commun par une paire différentielle

1. Besoins et contraintes industriels

Bien que dans la réalité le bruit induit sur une paire différentielle soit principalement composé de mode commun, il y a également la présence d'une composante différentielle due au fait que la distance entre l'agresseur et chacun des canaux du lien MGH diffère. Par conséquent, les canaux P et N "voient" des niveaux de diaphonie différents qui ne seront donc pas éliminés par le récepteur. Nous reviendrons plus en détail sur ce phénomène dans la partie 5.3. Si la diaphonie entre pistes single-ended est comparée à la diaphonie entre paires différentielles, alors à espacement identique, la diaphonie entre signaux différentiels est plus faible.

Un autre avantage des signaux différentiels est la nature complémentaire des champs électriques et magnétiques qui crée un plan de référence virtuel. Ce plan de référence, à mi-chemin des canaux P et N, est perpendiculaire au champ électrique et tangent au champ magnétique. L'existence du plan virtuel est très utile pour préserver l'intégrité des signaux lorsque le plan de référence n'est pas idéal. Parmi les exemples de plans de référence non idéaux nous trouvons : les transitions introduites par les connecteurs, les vias et les routages sur des plans de masse partiels ou troués. L'avantage principal apporté par l'utilisation de la paire différentielle reste cependant la liaison point à point et la maitrise complète du chemin aller-retour entre l'émetteur et le récepteur.

Conclusions

Les paires différentielles sont un puissant outil utilisé pour la conception de liens série rapides car elles réduisent de façon très importante le bruit de mode commun au niveau du récepteur permettant d'atteindre de très haut-débits. En contre partie, il est nécessaire de bien maîtriser la conversion de mode afin de ne pas perdre les avantages que présentent les paires différentielles face à la diaphonie.

1.4.2. L'intérêt d'utiliser des liens MGH

Une évolution rapide des débits

Entre le début et la fin de la thèse, nous avons vu l'apparition de nouvelles générations de FPGA dont la croissance des débits est extrêmement rapide. La figure 1.9 montre l'évolution des débits maximaux disponibles de la famille des Stratix, FPGA haut de gamme du fabricant Altera. Cette courbe présente une nette rupture de pente en 2008 correspondant à un saut technologique. Entre 2008 et 2010, le débit des transceivers est passé de 11.3 Gbps à 28 Gbps sachant qu'Altera vient d'annoncer sa technologie 20 nm permettant d'atteindre un débit maximal de 40 Gbps qui sera rapidement étendu à 56 Gbps afin d'accéder à la norme CEI-56G. Cette dernière prévoit d'atteindre un débit de 400 Gbps à travers une fibre optique en multiplexant 8 transceivers 56 Gbps [16].

Bus parallèles vs liens MGH

L'évolution des débits montre qu'il est de plus en plus avantageux d'utiliser les liens MGH afin d'augmenter la densité des cartes. Prenons l'exemple du passage du standard

1. Besoins et contraintes industriels

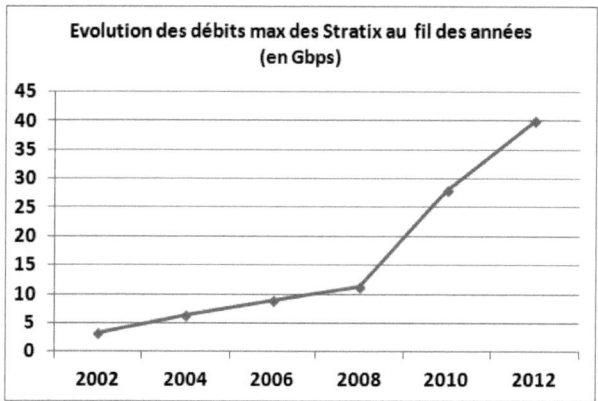

FIGURE 1.9.: Croissance des débits des liens série rapides disponibles sur les composants FPGA : exemple de la famille Stratix chez Altera

AGP (Accelerated Graphics Port) au standard PCIe (Peripheral Component Interconnect Express) tout deux majoritairement destinés à l'échange de données entre la carte mère et la carte graphique d'un PC. L'AGP est basé sur un bus de données parallèles de 32 bits fonctionnant à 66 MHz. Ainsi, dans sa version la plus évoluée multiplexant 8 bus de 32 bits, l'AGP 8x permet d'atteindre un taux de transfert maximal de $(8*32*66)/8 = 2$ Go/s (Giga octet par seconde). Soit "w" la largeur d'une piste d'un bus et "s" l'espacement entre chaque piste d'un bus. En prenant s=w, la surface nécessaire à l'implantation de l'AGP 8x est d'environ $8*32*2*w = 512w$.

Regardons maintenant son évolution la plus récente qu'est le PCIe 3.0. Le fonctionnement du standard PCIe est basé sur le multiplexage de 1 à 16 liens MGH. Le débit de chaque lien MGH est de 8 Gbps, et le standard PCIe 1x comporte un lien MGH pour l'émission et un pour la réception autorisant des transferts full-duplex. Le débit maximal théorique est donc de $(16*8*2)/8 = 32$ Go/s. Soit "w" la largeur de chaque piste, "s=2w" l'espacement entre 2 pistes d'une paire différentielle et "d=3w" l'isolement entre paires différentielles, la surface équivalente occupée est donc proche de $64w + 32*2w + 32*3w = 224w$. L'efficacité surfacique de l'AGP est donc de 2000/512=4 Mo/s/w tandis que celle du PCIe 3.0 est de 32000/224= 143 Mo/s/w. Cette démonstration sommaire montre que l'utilisation de liens MGH peut permettre dans les conditions optimales de diviser par 35 la surface occupée sur la carte pour une quantité d'informations échangées identique (tableau 1.1).

La montée du débit par lien a également l'avantage de limiter la consommation électrique du composant pour un débit donné. La figure 1.10 met en relation la puissance consommée

1. Besoins et contraintes industriels

Protocole	Surface occupée	Débit max	Efficacité surfacique
AGP 8x	512w	2 Go/s	4 Mo/s/w
PCIe 3.0 16x	224w	32 Go/s	143 Mo/s/w

TABLE 1.1.: Comparaison de l'efficacité surfacique d'un bus parallèle (AGP) avec un bus série (PCIe 3.0)

par un transceiver du Stratix V en fonction de son débit. A 12.5 Gbps, un transceiver fonctionnant en full-duplex consomme 170 mW soit 14mW/Gbps tandis qu'à 28 Gbps, il consomme 200 mW, soit 7mW/Gbps [3].

Cette partie montre que pour continuer à concevoir des produits innovants, il est nécessaire de pouvoir implanter des liens MGH ayant des débits les plus élevés possibles. Cela permettra de limiter leur nombre ainsi que l'utilisation de bus parallèles et la consommation électrique. Cependant, la montée en fréquence des liens MGH amplifient les phénomènes à l'origine de la dégradation des signaux. Il est donc très important de maîtriser le canal de propagation que ce soit au niveau de ses dimensions ou des matériaux utilisés.

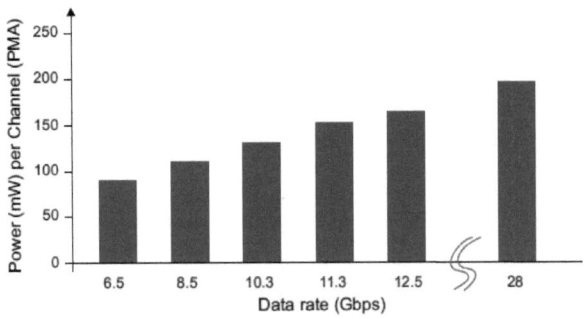

FIGURE 1.10.: Rapport entre la puissance consommée par un transceiver et son débit [3]

1.4.3. Maîtriser les liens MGH

La partie précédente montre l'intérêt à utiliser et donc à maîtriser les liens MGH. Maîtriser les liens MGH signifie comprendre leur fonctionnement mais surtout quantifier les phénomènes pouvant dégrader leurs performances. Le canal de propagation perturbe à lui

1. Besoins et contraintes industriels

seul l'intégrité du signal. Lorsque ce même lien MGH est placé dans des produits réels alors le canal de propagation est également perturbé par son environnement.

Le lien MGH isolé

Le canal de propagation est à l'origine de la déformation du signal et donc à l'introduction d'éventuelles erreurs. En effet, le médium comporte des pertes ohmiques et des discontinuités d'impédance dues à la présence de vias, de connecteurs, de plans partiels, de terminaisons inadaptées, etc... Le canal de propagation peut donc être vu comme un filtre passe-bas dont la fréquence de coupure dépend de la dégradation subie. Cela est à l'origine de la dispersion (toutes les composantes fréquentielles d'un signal ne sont pas véhiculées à la même vitesse) et des Interférences Entre Symboles (IES) lorsque la réponse impulsionnelle du canal est plus longue d'un temps bit. Afin de choisir et de configurer correctement un outil de simulation, il est nécessaire d'étudier le fonctionnement d'un lien MGH seul avant de l'intégrer dans son environnement.

Le lien MGH dans son environnement

Dans le contexte de cartes denses et complexes, l'intégration d'un lien MGH dans cet environnement peut dégrader les performances de ce dernier. C'est le cas lorsque le réseau d'alimentation est instable à cause d'un découplage inadapté des plans ou bruité à cause des commutations simultanées des transistors (SSN, Simultaneous Switching Noise)[17]. La diaphonie est également un phénomène à ne pas négliger car il est très compliqué de réduire ses effets une fois la carte fabriquée. Nous reviendrons en détail sur ce phénomène dans les parties suivantes.

1.4.4. Conclusion

Cette partie montre que les liens MGH seront de plus en plus employés afin d'augmenter la densité des cartes tout en ajoutant plus de fonctionnalités. Le débit par lien va également continuer à croître exponentiellement jusqu'à la démocratisation des communications optiques. La mise en place de liens MGH demande des connaissances théoriques poussées dans de multiples domaines tels que les hyperfréquences, la compatibilité électromagnétique (CEM), le traitement du signal et les matériaux. Des outils de simulation adaptés à ces problématiques sont nécessaires afin de détecter les problèmes le plus en amont possible afin de réduire les coûts de conception et de fabrication.

2. Les objectifs de l'étude

Les parties qui vont suivre montreront que les différents phénomènes tels que les discontinuités d'impédance, les pertes ou les caractéristiques des diélectriques ont un impact important sur le canal de propagation lorsque la fréquence des signaux augmente. Une solution utilisée pour les hyperfréquences consiste à utiliser des diélectriques haute qualité spécifiques, à base de Polytétrafluoroéthylène (PTFE), elle n'est cependant pas directement utilisable dans des cartes numériques pour des questions de coût. La montée en débit des liens MGH pourrait cependant à moyen terme imposer l'utilisation de solutions mixtes FR4 / PTFE ou le développement de substrats mieux adaptés en terme de rapport qualité/coût pour assurer la maitrise des caractéristiques et limiter les dispersions liées à la fabrication. Il faut donc être capable de modéliser le comportement du FR4 pour cette utilisation. D'autre part, la course aux débits associée à la croissance de la complexité des cartes rendent l'analyse des signaux de plus en plus complexe. Les études d'intégrité du signal demandent aujourd'hui des compétences et des outils spécifiques. La mise en place d'une méthodologie évolutive est donc également indispensable.

2.1. Les études d'intégrité du signal à THALES

Les analyses d'intégrité du signal interviennent sur tout le cycle de production des cartes (cycle en "V"). En effet, plus les problèmes d'IS sont détectés tôt, moins les modifications du design seront coûteuses. Les études IS peuvent être divisées en trois étapes :

- Avant le placement/routage (implantation)
- Pendant l'implantation
- Lorsque l'implantation est terminée

Avant le placement/routage, l'ingénieur en intégrité du signal donne un avis sur l'architecture du produit, en particulier sur le choix des composants et sur le stackup à retenir. En parallèle, des analyses d'IS préliminaires, dites de pré-routage, sont réalisées afin de confirmer la faisabilité du produit et de définir les contraintes de placement/routage. Pour ce faire, des outils analytiques et/ou des logiciels de simulation sont utilisés. Vient ensuite l'étape de placement/routage. Lors de celle-ci, l'ingénieur IS donne des règles de conception aux implanteurs, suit régulièrement leurs avancées et réalise des simulations IS intermédiaires afin de corriger les anomalies ou de limiter les risques de dysfonctionnement au plus vite. Lorsque le placement/routage est terminé, l'ingénieur IS procède à la simulation du produit. Ce dernier pouvant être composé de plusieurs cartes électroniques inter-connectées, il est nécessaire de prendre en compte le fonctionnement de chaque carte

2. Les objectifs de l'étude

puis de la chaîne complète incluant les connecteurs. Le design des cartes ayant été validé, celles-ci sont envoyées en fabrication. Une fois les cartes produites, des problèmes d'IS peuvent malgré tout apparaître. Le travail de l'ingénieur IS sera alors de localiser le problème et de proposer la solution appropriée, c'est-à-dire la moins coûteuse possible.

Un flot global de simulation d'intégrité de puissance et d'intégrité du signal existe déjà à THALES. Cependant, celui-ci s'applique principalement aux signaux numériques "classiques" ayant un débit inférieur à 1 Gbps. L'objectif de la thèse est donc de définir un flot dédié à la conception des liens MGH pouvant, soit s'intégrer, soit fonctionner en parallèle au flot existant.

2.2. Mise en place du flot de conception des liens MGH

La définition d'un flot de conception dédié aux liens MGH nécessite la création d'un nouveau flot de simulation accompagné d'une méthodologie, tout deux adaptés au contexte industriel.

2.2.1. Un nouveau flot de simulation

Avant le démarrage de cette thèse, un certain nombre d'outils de conception et de simulation était déjà utilisé par les équipes en place. Cadence Allegro est, depuis des années, le logiciel de référence pour le design des cartes THALES. Il faut donc trouver des outils pouvant s'interfacer avec ce dernier afin de réutiliser les données. Parmi celle-ci, nous trouvons : les paramètres géométriques des cartes, les références des composants et la définition du stackup. Le fait de travailler dans un contexte industriel implique également certaines contraintes sur le choix des logiciels de simulation. En effet, nous devrons trouver des outils présentant le meilleur compromis temps/précision et une relative facilité d'utilisation afin que le plus grand nombre d'utilisateurs possible puisse les utiliser. La notion de temps est rattachée à du temps "ingénieur" nécessaire pour la mise en données des calculs et le temps "machine" nécessaire au calcul en lui-même. Les coûts "ingénieurs" étant élevés et les configurations matérielles n'étant pas extensibles à l'infini, ces deux paramètres devront être maîtrisés.

Le choix des outils se fera en deux temps : premièrement, le canal devra être caractérisé d'un point de vue électromagnétique. Nous devons donc étudier les différents types de moteurs de calcul afin d'évaluer les logiciels les plus adaptés à notre application. Cette étape d'évaluation passe également par une phase de corrélation des résultats de simulation avec des mesures fréquentielles. L'outil de simulation électromagnétique validé, nous choisirons un logiciel de simulation circuit. Celui-ci devra être capable de récupérer les résultats issus de l'extraction du canal et de leur associer des modèles de composants génériques ou des modèles fournis par les fabricants. La validation du simulateur circuit passera également par une étape de mesures temporelles.

2.2.2. Définition d'une nouvelle méthodologie

La nouvelle méthodologie dédiée à l'étude des liens MGH doit couvrir l'ensemble du cycle en "V" et comprendre :

- Un guide des règles de conception.
- Un tutorial détaillant les paramétrages, les fonctionnalités et les inter-connections des outils.
- Une méthodologie pré-routage
- Une méthodologie post-routage

Les parties suivantes ont pour objectifs de mener vers la définition de la méthodologie MGH qui permettra de limiter les risques de dysfonctionnement des cartes et, à terme, de réaliser des cartes fonctionnant au premier essai.

3. Description d'un signal MGH

La maîtrise de l'intégrité du signal passe nécessairement par une bonne connaissance des signaux véhiculés sur le médium. Contrairement aux signaux MGH, les signaux "classiques" (< 1 Gbps) sont uniquement traités dans le domaine temporel. La montée en débit implique la présence de composantes haute-fréquences très sensibles aux phénomènes tels que les pertes, les réflexions et la diaphonie. Il faut donc les aborder avec beaucoup d'attention dans le domaine fréquentiel.

3.1. Introduction

Soit le signal temporel périodique présenté sur la figure 3.1. t_r est le temps de montée du signal du niveau "0" au niveau "A" Volts. τ est la largeur de la base du trapèze tandis que t_w correspond à la largeur du haut du trapèze. "T" est la période. Dans le cas d'un signal NRZ (Non Retour à Zéro), deux bits sont transmis par période. En considérant $T_r = T_f$, où T_r et T_f sont respectivement les temps de montée et de descente du signal, le temps bit est égal à τ. En anglais, nous parlons de "Unit Interval", aussi noté "UI". Il y a donc un rapport 2 entre la fréquence d'un signal NRZ périodique et son débit. Par exemple, un signal NRZ cadencé à une fréquence de 1 GHz débite 2 Gbps.

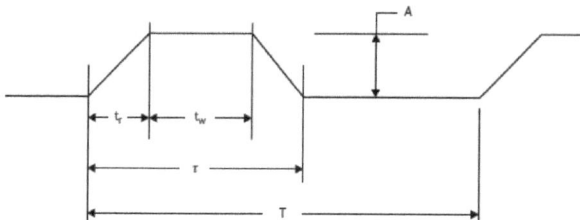

FIGURE 3.1.: Définition des caractéristiques d'un signal numérique

Idéalement, un signal numérique est un signal carré ayant des temps de montée nuls. Un signal périodique idéal peut être décomposé en série de Fourier comme une somme de signaux sinusoïdaux de différentes fréquences. La transformée de Fourier permet de convertir des signaux du domaine temporel dans le domaine fréquentiel. Ainsi, chaque composante sinusoïdale peut être représentée par un Dirac dans le domaine fréquentiel. La représentation spectrale d'un signal carré périodique idéal de fréquence 1 GHz est donnée comme exemple sur la figure 3.2. Nous remarquons que la première harmonique aussi appelée fondamentale a la plus forte amplitude et que les harmoniques paires sont nulles.

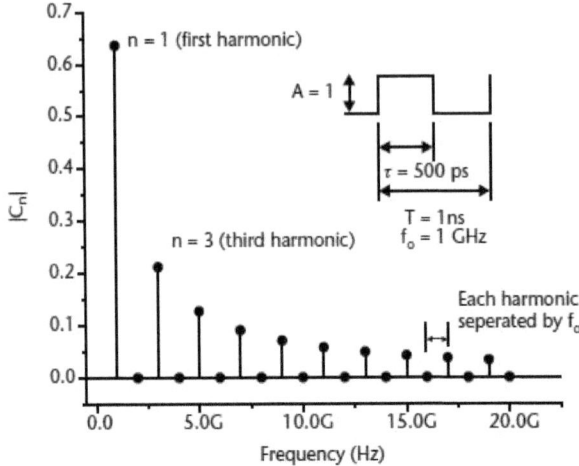

FIGURE 3.2.: Spectre d'un signal carré périodique idéal

La figure 3.3 montre bien le lien entre le domaine fréquentiel et le domaine temporel : le fondamental f_1 permet de récupérer en grande partie la forme du signal mais plus le nombre d'harmoniques est important, plus le signal se rapproche du signal d'origine.

3.2. Décomposition spectrale d'un signal numérique

Dans la pratique, les signaux MGH transportent des données binaires au format NRZ (Non Retour à Zéro) aléatoire ou codé. La probabilité d'une séquence NRZ aléatoire de contenir un "0" ou un "1" est de 50% mais des suites consécutives plus ou moins longues d'un même état peuvent apparaître. De ce fait, la fréquence moyenne du signal diminue ayant pour conséquence de désynchroniser le circuit de récupération d'horloge. Pour pallier à ce problème, des codages tels que le 8b10b et le 64b66b ont été créés [18][19]. Ils ont pour effet de générer des séquences courtes dont le nombre de "0" est égal au nombre de "1". La Densité Spectrale de Puissance (DSP) d'un signal NRZ aléatoire, donnée par l'équation 3.1 (formule de Bennett), est un sinus cardinal (figure 3.4). Les zéros du sinus cardinal se trouvent tous les $k.1/T_b$, où T_b est la durée d'un bit. Autrement dit, pour un signal ayant un débit de 5 Gbps alors $1/T_b = 5$ GHz et l'horloge est égale à $1/T = 2,5$ GHz (fondamental du signal). Les transceivers et le canal n'étant pas idéaux, les temps de

3. Description d'un signal MGH

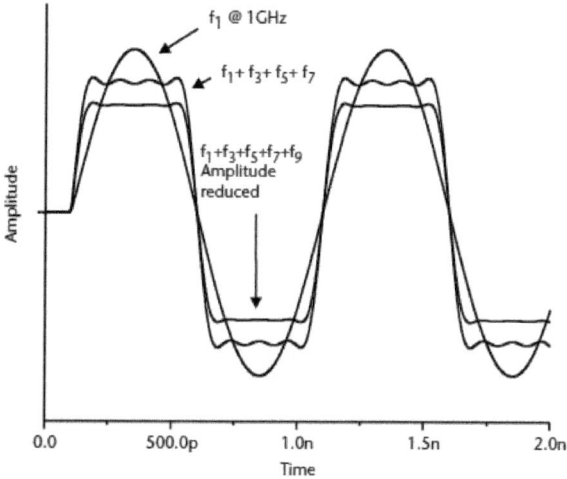

FIGURE 3.3.: Décomposition en série de Fourier d'un signal carré

montée ne sont pas nuls ce qui réduit la puissance des composantes hautes fréquences.

$$S_{NRZ}(f) = A^2.T_b.sinc^2(\pi.f.T_b) \qquad (3.1)$$

où A est l'amplitude du niveau haut.

La figure 3.4 illustre bien le fait que la densité spectrale d'un signal NRZ codé 8b10b ne possède pas de composante DC. Outre le fait de limiter les désynchronisations du circuit de récupération d'horloge, cela a l'avantage de réduire la puissance transmise nécessaire et de minimiser le bruit électromagnétique produit par la ligne de transmission. De plus, le récepteur peut avoir sa propre tension de polarisation sans nécessiter une capacité de DC blocking.

La qualité de la transmission dépend donc de la DSP des signaux et de la bande passante du canal. Il existe divers motifs permettant de mettre en évidence les performances d'un système. Par exemple, le motif $K28.5\pm$ (11000001010011111010) aide à qualifier les performances d'un système utilisant un codage 8b10b. Le PRBS (Pseudo Random Bit Stream) est un motif de test général pour les applications NRZ aléatoires et codées. Dans la pratique, un motif de test pseudo aléatoire est noté "$2^X - 1$ PRBS" ou encore "PRBSX" où X indique la longueur du registre à décalage générant la séquence. Chaque $2^X - 1$ PRBS

3. *Description d'un signal MGH*

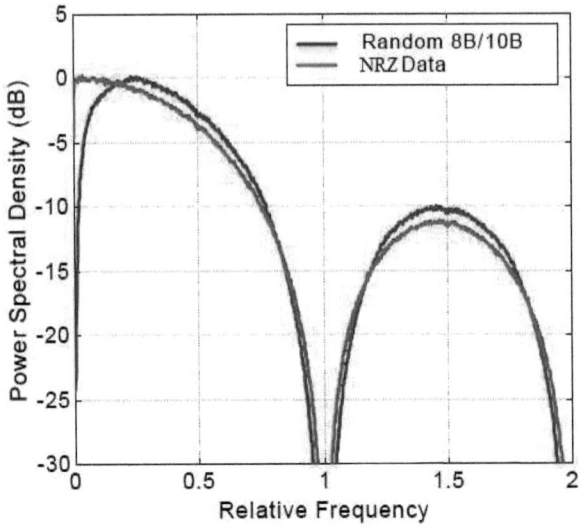

FIGURE 3.4.: Densité spectrale de puissance d'un signal NRZ codé 8b10b

contient toutes les combinaisons possibles d'un nombre X de bits sauf un. Typiquement, une séquence courte PRBS7 est utilisée pour stresser la majorité des protocoles MGH car elle est représentative d'un flot NRZ codé 8b10b. Les séquences plus longues, tel le PRBS23, offrent une bonne approximation d'un flot NRZ aléatoire. Plus X est grand, plus le spectre contiendra un nombre de raies important (l'enveloppe est un sinus cardinal) vers les basses fréquences. Par exemple, la figure 3.5 permet de comparer la densité spectrale de puissance de deux signaux ayant un débit de 1 Gbps et une puissance maximale normalisée à 1. A droite, nous retrouvons la DSP d'un signal carré périodique pouvant être calculée à partir d'une simple décomposition de Fourier. A gauche, la DSP d'un signal PRBS4 (15 combinaisons) montre que le nombre de raies a augmenté. En effet, il apparaît une raie par combinaison, soient 15 raies par lobe. La DSP d'une séquence NRZ est la même pour un signal single-ended et un signal différentiel.

La connaissance de la répartition spectrale d'un signal est très importante car, en la comparant avec la bande passante du canal, nous pouvons nous faire une première idée de la qualité de la transmission. Idéalement, un canal devrait avoir une bande passante infinie afin de ne pas dégrader le signal mais dans la réalité, le canal subit des pertes, des délais de propagation (dispersions) voir des réflexions non nulles et dépendantes de la fréquence. Il agit comme un filtre passe-bas.

3. Description d'un signal MGH

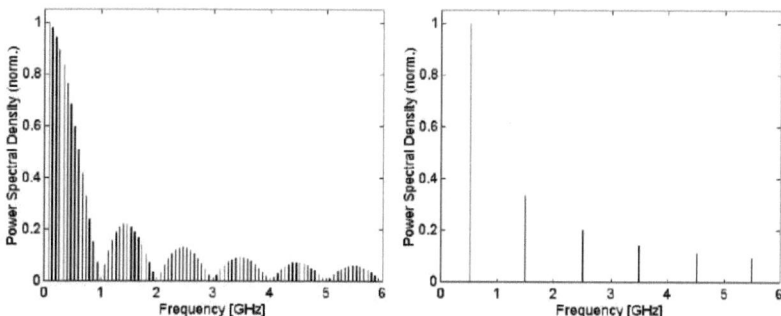

FIGURE 3.5.: Comparaison de la DSP d'un PRBS4 (gauche) et d'une horloge (droite)

3.3. Bande passante

Dans le domaine temporel, un canal à bande passante limitée a pour effet d'étaler le signal carré. Si la dégradation du canal est suffisamment importante, un symbole peut déborder de l'intervalle de temps qui lui est allouer sur son ou ses voisins. Ce phénomène est appelé l'Interférence Entre Symboles (ISI en anglais). Le théorème de Nyquist-Shannon spécifie que la bande passante du canal doit être supérieure ou égale au double de la fréquence maximale du signal, soit $1/T_b = 2/T$. Nous pouvons noter que 90% de la puissance d'un signal NRZ se situe dans le lobe principal du spectre (entre DC et $1/T_b$ pour un système causal) [20] et que l'intervalle de Nyquist (entre DC et $1/2T_b$ pour un système causal) contient 77,5% de la puissance. En effet, en reprenant la formule 3.1, nous obtenons les équations 3.2 et 3.3.

$$\int_{-1/T}^{1/T} S_{NRZ}(f)\,df = 0.904.A^2 \tag{3.2}$$

$$\int_{-1/2T}^{1/2T} S_{NRZ}(f)\,df = 0.775.A^2 \tag{3.3}$$

Concernant les simulations électromagnétiques, plus la bande de fréquence prise en compte est grande, plus les résultats seront proches de la réalité mais les ressources matérielles nécessaires et le temps de calcul seront très importants. Comme nous l'avons vu sur la figure 3.4, la DSP d'un signal NRZ dépend de son temps de montée. La bande passante d'un signal peut être approximée par la formule 3.4. En dessous de f_{knee} l'amplitude des raies décroit de -20dB par décade. Au-delà de f_{knee}, la décroissance est de l'ordre de -40dB par décade, l'énergie contenue dans ces raies est considérée comme négligeable.

3. Description d'un signal MGH

$$f_{knee} = \frac{1}{\pi T_r} \tag{3.4}$$

où T_r est le temps de montée du signal entre 10% et 90%.

Il existe différentes façon de réduire ou d'éliminer les IES. La première est la plus simple puisqu'elle consiste à augmenter le temps de montée de l'émetteur, ayant pour effet de réduire f_{knee} donc la largeur spectrale du signal. La deuxième façon est de choisir un codage adapté. En effet, il existe différents types de codage (8b10b, RZ, Manchester, etc) ayant chacun leurs avantages et inconvénients dont l'efficacité spectrale fait partie.

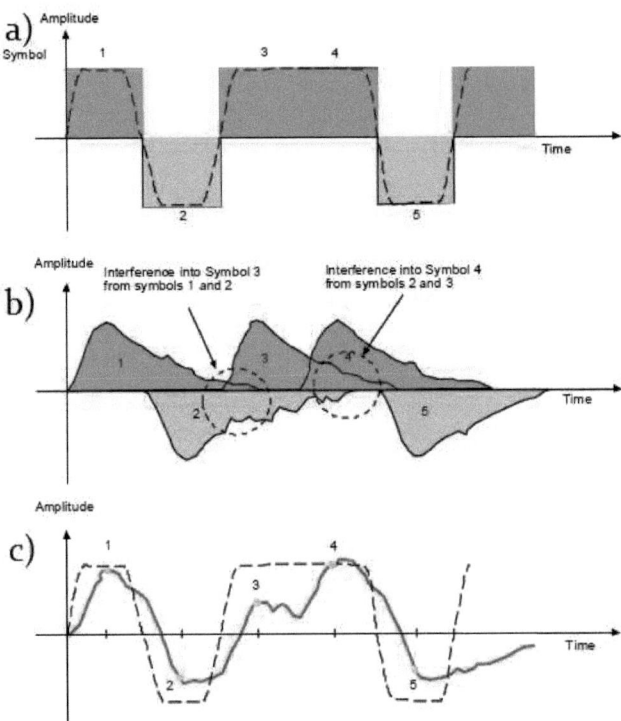

FIGURE 3.6.: Phénomène d'IES. a) Séquence binaire issue de l'émetteur ; b) Étalement des bits ; c) Signal vu par le récepteur

4. Caractérisation du canal de propagation et de son environnement

L'épaisseur des couches de cuivre et de diélectrique ainsi que leurs caractéristiques ont un impact direct sur la qualité du signal transmis. Cette partie précise l'influence de ces différents paramètres.

4.1. Impédance caractéristique

Dans la suite de nos travaux, nous supposerons que les pistes servant de support aux liens MGH se comportent comme des lignes de transmission avec un mode de transmission transverse électromagnétique (TEM). La ligne de transmission peut alors être décrite par ses paramètres linéiques R, L, C et G (Résistance, Inductance, Capacité et Conductance). La valeur de ces grandeurs est fonction de la géométrie de la ligne ainsi que des propriétés des matériaux employés. L'impédance caractéristique de la ligne, notée Z_c, dépend directement de ces paramètres suivant l'équation 4.1. Il est très important de connaître et de maîtriser sa valeur car les performances de la ligne de transmission, ainsi que les effets de réflexion, lui sont directement liées. Enfin ces paramètres décrivent un tronçon de géométrie homogène d'une piste ou d'une paire différentielle, et nous verrons par la suite que la description complète d'un lien est constituée par la juxtaposition de différents tronçons.

Un certain nombre de formules empiriques, que nous allons rappeler, permettent de calculer l'impédance caractéristique en fonction de la permittivité relative ϵ_r et de la géométrie de la section des pistes. Il faut cependant préciser qu'il existe aujourd'hui des logiciels de modélisation électromagnétique capables de décrire la géométrie d'un empilement et de calculer précisément les paramètres linéiques, tel que le logiciel libre MMTL (Multilayer Multiconductor Transmission Line). THALES étant équipé de la suite d'outils de Cadence, l'outil "X-section" (3D Planaire) est utilisé pour les calculs de pré-dimensionnement.

$$Z_c = \sqrt{\frac{R + jL\omega}{G + jC\omega}} \text{ soit pour une ligne sans perte } Z_c = \sqrt{\frac{L}{C}} \qquad (4.1)$$

4.1.1. Impédance caractéristique de la microstrip

Dans le cas où t est supposée négligeable ($t \leq 0.05h$, "t" est l'épaisseur de la couche de cuivre et "h" celle du diélectrique), l'impédance caractéristique Z_c est donnée par [21] :

4. Caractérisation du canal de propagation et de son environnement

$$Z_c = \frac{60}{\sqrt{\epsilon_{eff}}} ln(\frac{8h}{w} + \frac{w}{4h}) \; pour \; \frac{w}{h} \leq 1 \quad (4.2a)$$

$$Z_c = \frac{120\pi}{\sqrt{\epsilon_{eff}}}[\frac{w}{h} + 1.393 + 0.667 ln(1.444 + \frac{w}{h})]^{-1} \; pour \; \frac{w}{h} \geq 1 \quad (4.2b)$$

avec : $\epsilon_{eff} = \frac{\epsilon_r+1}{2} + \frac{\epsilon_r-1}{2}(1 + \frac{10h}{w})^{\frac{1}{2}}$

Il existe d'autres expressions de l'impédance caractéristique plus ou moins complexes qui utilisent d'autres approximations et hypothèses (équation 4.3).

$$Z_c = \frac{87}{\sqrt{\epsilon_r + 1.41}} ln(\frac{5.98h}{0.8w + t}) \quad (4.3)$$

Cas particulier : la microstrip enterrée

Il est possible de rencontrer des microstrip, un peu modifiés, comme par exemple la microstrip enterrée (ou embedded microstrip). Cette configuration, présentée sur la figure 4.1 possède une couche de diélectrique supplémentaire, au dessus de la bande conductrice, modifiant ainsi la permittivité efficace donc l'impédance caractéristique du système (équation 4.4).

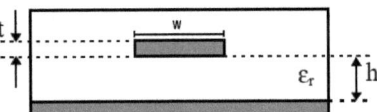

FIGURE 4.1.: Embedded microstrip

$$Z_c = \frac{K}{\sqrt{0.805\epsilon_r + 2}} ln(\frac{5.98h}{0.8w + t}) \quad (4.4)$$

avec : $60 \leq K \leq 65$ où K dépend de l'épaisseur du diélectrique recouvrant le conducteur. Lorsque cette dernière est supérieure à w, toutes les lignes de champs sont considérées à l'intérieur du FR4 (milieu homogène).

4.1.2. Impédance caractéristique de la stripline

L'impédance caractéristique Z_c d'une ligne ruban, peut être définie de façon générale par les relations 4.5 et 4.7.

4. Caractérisation du canal de propagation et de son environnement

$$Z_c = \frac{30}{\sqrt{\epsilon_r}} ln\{1 + \frac{4}{\pi}\frac{b-t}{w'}[\frac{8}{\pi}\frac{b-t}{w'} + \sqrt{(\frac{8}{\pi}\frac{b-t}{w'})^2 + 6.27}]\} \quad (4.5)$$

Où :

$$w' = w + \Delta w \; et \; \frac{\Delta w}{b-t} = \frac{x}{\pi.(1-x)}\{1 - \frac{1}{2}ln[(\frac{x}{2-x})^2 + (\frac{0.0796}{w/b+1.1x})^m \quad (4.6)$$

avec :
$x = \frac{t}{b}$
$m = 2(1 + \frac{2x}{3(1-x)})^{-1}$
b=distance séparant les plans de référence

Nous trouvons également sous forme simplifiée l'équation 4.7.

$$Z_c = \frac{60}{\sqrt{\epsilon_r}} ln(\frac{4h}{0.67\pi w(0.8 + t/w)}) \quad (4.7)$$

Cas particulier : la stripline asymétrique

On appelle stripline asymétrique une stripline dans laquelle l'épaisseur du diélectrique au dessus du ruban de cuivre est différente de celle étant sous ce dernier (figure 4.2).

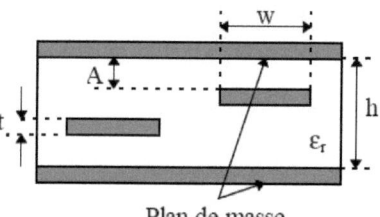

FIGURE 4.2.: Stripline asymétrique

L'impédance de cette configuration peut s'exprimer de la façon suivante :

$$Z_c = \frac{2F_1 F_2}{F_1 + F_2} \quad (4.8)$$

avec :

$F_1 = \frac{60}{\sqrt{\epsilon_r}} ln(\frac{8A}{0.67\pi w(0.8+t/w)})$

$F_2 = \frac{60}{\sqrt{\epsilon_r}} ln(\frac{8h}{0.67\pi w(0.8+t/w)})$

4. Caractérisation du canal de propagation et de son environnement

4.1.3. Impédance différentielle

Comme expliqué précédemment, une transmission multi-gigabit nécessite l'usage de deux pistes. Pour éviter les phénomènes d'onde stationnaire, il faut s'assurer que l'impédance différentielle de ces pistes soit égale à celle du récepteur ainsi qu'à celle de l'émetteur ce qui limite les réflexions multiples. Sur de nombreux transceivers, les impédances de terminaison sont paramétrables en prenant généralement les valeurs de 80, 100 ou 120 ohms. La section traitant de la diaphonie donne plus de détails sur l'impédance différentielle.

Impédance différentielle en microstrip

L'impédance différentielle de deux pistes en microstrip espacées d'une distance "d" est approximée par la relation 4.9[mantaro.com].

$$Z_{diff} = 2.Z_c(1 - 0,48.\exp(-0,96.\frac{d}{h})) \quad (4.9)$$

Impédance différentielle en stripline

L'impédance différentielle de deux pistes en stripline espacées d'une distance "d" est approximée par la relation 4.10 [mantaro.com].

$$Z_{diff} = 2.Z_c(1 - 0,347.\exp(-2,9.\frac{d}{h})) \quad (4.10)$$

4.1.4. Conclusion

Les formules ci-dessus donnent de bonnes indications sur l'impédance caractéristique lors des phases de pré-dimensionnement. Cependant, les caractéristiques des matériaux sont considérées comme constantes et les effets dans les conducteurs liés à la fréquence ne sont pas pris en compte. Pour avoir des modèles de simulation exploitables dans le cas des liens MGH, les caractéristiques des diélectriques, l'effet de peau et l'effet de la rugosité doivent être décrits plus précisément. Ces effets seront ensuite retranscrits dans les paramètres linéiques de la ligne pour les simulations.

4.2. Caractéristiques du diélectrique

Très tôt lors de la phase de conception d'une carte électronique, il faut prendre en compte les propriétés des diélectriques. Pour cela, il est nécessaire d'anticiper la fabrication du PCB en discutant avec les sous-traitants. En effet, tous les diélectriques n'ont pas le même comportement suivant les champs électromagnétiques qui leur sont appliqués. Ces matériaux sont caractérisés par une permittivité ϵ (aussi appelée "constante diélectrique") et une perméabilité μ qui décrivent le comportement du diélectrique en présence respectivement d'un champ électrique et d'un champ magnétique. La perméabilité des matériaux utilisés étant égale à 1, nous développerons dans la suite uniquement ce qui concerne la permittivité.

4. Caractérisation du canal de propagation et de son environnement

4.2.1. Diélectrique et permittivité

Dans le cas d'un matériau conducteur, la conductivité σ représente les pertes du métal. Parler de conductivité implique le mouvement de charges libres dans le matériau. Dans le cas d'un bon diélectrique, les charges sont liées. Cependant, l'interaction entre une molécule ou un atome du diélectrique et un champ électrique modifie l'orientation des charges dans le matériau. Comme les dipôles du matériau essaient de rester aligner avec le champ électrique variant dans le temps, de l'énergie est consommée (absorption ou rayonnement), ce qui se manifeste par des pertes dans le diélectrique. Le terme σ peut donc être vu comme la conductivité équivalente du diélectrique qui représente les pertes dues à la polarisation du matériau. La permittivité complexe d'un diélectrique est donnée par la relation 4.11 :

$$\epsilon = \epsilon' - j\frac{\sigma_{diélectrique}}{\omega} = \epsilon' - j\epsilon'' \qquad (4.11)$$

La partie imaginaire de la permittivité complexe du diélectrique représente les pertes du matériau tandis que la partie réelle représente la capacité du diélectrique à stocker l'énergie. Pour des raisons pratiques, la permittivité relative ϵ_r du diélectrique est plus souvent utilisée (équation 4.12a). La tangente de pertes est définie par le rapport de la partie imaginaire sur la partie réel de la permittivité (équation 4.12b).

$$\epsilon_r = \frac{\epsilon'}{\epsilon_0} \qquad (4.12a)$$

$$tan|\delta| = \frac{\epsilon''}{\epsilon'} \qquad (4.12b)$$

où : ϵ_0 : Permittivité du vide = $8.85.10^{-12} F.m^{-1}$

Comme les dipôles électriques d'un matériau ne s'alignent pas instantanément avec le champ électrique qui est appliqué à ce dernier, la polarisation et la permittivité relative sont fonction de la fréquence de ce champ (figure 4.3).

Il est commun de voir lors de la conception des cartes électroniques numériques, l'utilisation de modèles de lignes de transmission dont les propriétés du diélectrique sont invariantes en fonction de la fréquence. Bien que cette approximation donne de bons résultats à basses fréquences, la simulation de signaux dont le débit est supérieur à 2 Gbps donnerait des résultats inutilisables car trop éloignés de la réalité. Afin de prendre en compte le comportement réel des diélectriques, de nombreux modèles mathématiques ont été développés.

4.2.2. Modélisation de la permittivité

Afin d'avoir des résultats les plus proches possibles de la réalité, il est nécessaire d'extraire le comportement électromagnétique d'une structure sur une large bande de fréquence (voir première partie). Il est donc très important que les simulateurs électromagnétiques

4. Caractérisation du canal de propagation et de son environnement

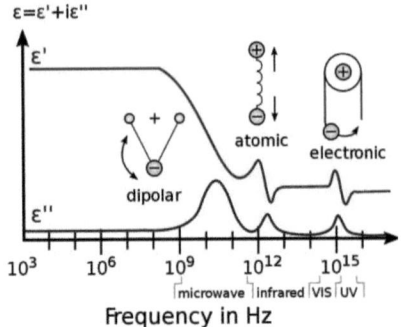

FIGURE 4.3.: Evolution de la permittivité en fonction de la fréquence

intègrent des modèles mathématiques décrivant précisément le comportement des diélectriques sur toute la bande de fréquence. On trouve principalement trois modèles :

– Le modèle de Debye
– Le modèle simplifié de Debye
– Le modèle de Djordjevic-Sarkar

Le modèle de Debye

Comme le montre l'équation 4.13, le modèle généralisé de Debye est un système multipôle. Plus N est grand, plus le modèle est précis (figure 4.4). L'inconvénient de ce modèle est qu'il nécessite une bonne connaissance des caractéristiques du matériau à plusieurs fréquences ce qui n'est pas toujours fourni par le fabricant.

$$\epsilon = \epsilon'_\infty + \sum_{i=1}^{N} \frac{\Delta \epsilon'_i}{1 + j\frac{\omega}{\omega_i}} \quad (4.13)$$

avec :
ϵ'_∞ : perméabilité du diélectrique à la fréquence la plus élevée possible
$\Delta \epsilon'_i$: variation de la permittivité
ω_i : fréquence angulaire autour de laquelle $\Delta \epsilon'_i$ est centrée.

Le modèle simplifié de Debye

Le monopôle de Debye est l'expression simplifiée du modèle général de Debye (équation 4.14). Il consiste à choisir une fréquence proche de 0 Hz à partir de laquelle la permittivité ϵ_s est connue. ω_1 est la fréquence angulaire au centre de la bande $[\epsilon_s ; \epsilon_\infty]$ (figure 4.5). Ce modèle n'est pas assez précis pour les applications larges bandes.

4. Caractérisation du canal de propagation et de son environnement

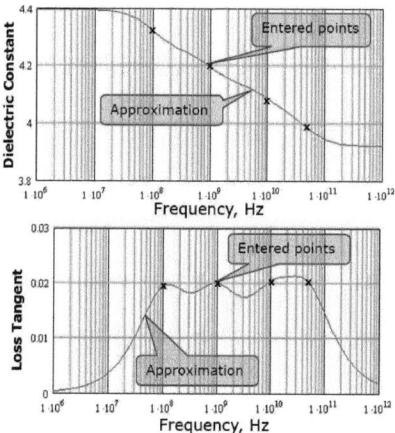

FIGURE 4.4.: Modèle multipôle de Debye pour du FR4 [4]

$$\epsilon = \epsilon'_\infty + \frac{\epsilon_s - \epsilon'_\infty}{1 + j\frac{\omega}{\omega_1}} \tag{4.14}$$

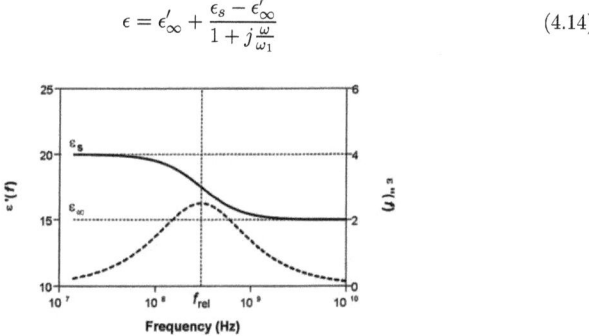

FIGURE 4.5.: Modèle monopôle de Debye

Le modèle de Djordjevic-Sarkar

Le modèle de Djordjevic-Sarkar, parfois appelé "Wideband Debye", a l'avantage de créer une infinité de pôles dans la bande de fréquences définie par l'utilisateur à partir de deux permittivités connues (équation 4.15). Ce modèle est très apprécié pour les simulations large bande.

4. Caractérisation du canal de propagation et de son environnement

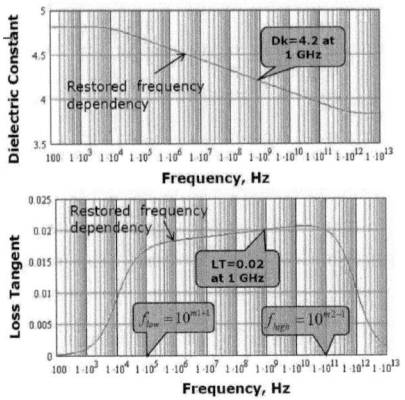

FIGURE 4.6.: Modèle de Djordjevic-Sarkar du FR4 [4]

$$\epsilon = \frac{\Delta\epsilon'}{m_2 - m_1} \frac{ln(\frac{\omega_2+j\omega}{\omega_1+j\omega})}{ln(10)} \qquad (4.15)$$

avec :
ω_1 et ω_2 les fréquences angulaires minimale et maximale de la bande.
m_1 et m_2 les exposants des fréquences qui bornent la bande (figure 4.6).

4.2.3. Mise en pratique des modèles

Le modèle Djordjevic-Sarkar est aujourd'hui le modèle de référence pour les simulations électromagnétiques large bande grâce au bon compromis simplicité de mise en oeuvre / précision qu'il apporte. De ce fait, il est implémenté dans de nombreux logiciels commerciaux tels que SIwave (Ansys), Momentum (Agilent) et HFSS (Agilent). Le modèle de Debye est également souvent proposé (Microwave Studio (CST), SIwave, HFSS) mais sera plutôt réservé aux applications bande étroite. Enfin, certains logiciels 3D full-wave (HFSS, Microwave Studio) donnent la possibilité de créer soi-même sa propre courbe de permittivité et de tangente de pertes mais cela peut avoir pour conséquence d'augmenter significativement le temps de calcul voir de le faire diverger en cas de non causalité du modèle défini.

Afin de vérifier et de compléter les caractéristiques électriques du FR4 fournies par les fabricants et de créer des profils personnalisés, des essais ont été menés durant la thèse, et les résultats seront présentés dans la partie 2.2.

4. Caractérisation du canal de propagation et de son environnement

4.3. Les pertes liées au conducteur

Dans un conducteur, deux phénomènes principaux sont à l'origine des pertes dans le matériau : l'effet de peau et la rugosité. Ces pertes sont liées à la nature et aux dimensions du matériau choisi. Le conducteur majoritairement utilisé dans la conception des cartes électroniques numériques étant du cuivre, nous donnerons uniquement dans la suite des informations le concernant.

4.3.1. Les pertes par effet de peau

L'effet de peau définit la distance de pénétration d'une onde dans un matériau conducteur. En effet, les courants haute fréquence ont tendance à circuler en périphérie du conducteur plutôt que de façon uniforme. L'épaisseur de peau est définie par la relation suivante :

$$\delta \simeq \sqrt{\frac{1}{\pi f \mu \sigma}} \qquad (4.16)$$

Où :
δ = épaisseur de peau en mètres
σ = conductivité du matériau [S/m] (pour le cuivre $\sigma = 5,8 \times 10^7 S.m^{-1}$)
μ = perméabilité du vide ($4\pi 10^{-7} H.m^{-1}$)
f = fréquence en Hz

La figure 4.7 représente l'évolution de l'épaisseur de peau pour des fréquences comprises entre 10 MHz et 2,5 GHz. En utilisant l'équation 4.16, à partir de 13,5 MHz, l'épaisseur de peau est inférieure à l'épaisseur standard des couches de cuivre que l'on trouve sur les cartes électroniques numériques (18μm et 35μm). Cela signifie que la distribution du courant dans le matériau n'occupe pas entièrement sa section. De plus, la répartition du courant sur la section du conducteur n'est pas uniforme. En effet, pour une ligne de transmission ayant une section rectangulaire la densité de charges augmente significativement proche des bords [15]. De même, la figure 4.8 montre que suivant la position d'une piste dans l'empilement de la carte (microstrip ou stripline), les pertes par effet de peau ne sont pas identiques.

Cas de la microstrip

Dans le cas de la microstrip, la distribution du courant est concentrée sur le bord inférieur de la ligne de transmission. Cela est dû aux champs entre la piste et le plan de masse qui attirent les charges vers le bord inférieur du conducteur (figure 4.9). L'équation 4.17 permet de calculer la densité de courant présente sur le plan de masse sur une longueur allant du centre de la piste à une distance donnée de ce centre "d" (figure 4.10). Cela permet de prévoir le niveau de diaphonie autour de la piste.

$$J(d) \approx \frac{J_0}{1 + (d/h)^2} \qquad (4.17)$$

4. Caractérisation du canal de propagation et de son environnement

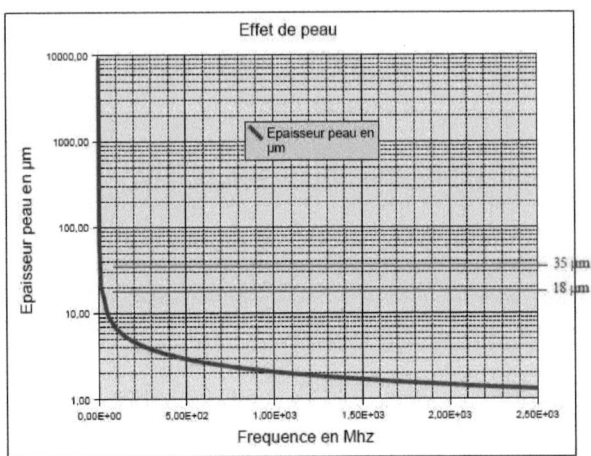

FIGURE 4.7.: Epaisseur de peau en fonction de la fréquence

En faisant l'approximation que la totalité du courant se trouve dans une fois l'épaisseur de peau, nous pouvons intégrer la relation 4.17 de $-\infty$ et $+\infty$ avec h=1 :

$$\int_{-\infty}^{+\infty} \frac{1}{1+(d+1)^2} dd = \tan^{-1}(d)|_{-\infty}^{+\infty} = \pi \quad (4.18)$$

Ce qui nous permet de normaliser la relation 4.17 par π donc la densité totale du courant est l'unité pour un plan infini. Si nous choisissons de calculer une largeur de $\pm 3h$ du centre la piste et la fonction normalisée de la densité de courant, nous obtenons :

$$\frac{J_0}{\pi} = \int_{-3}^{+3} \frac{1}{1+(d+1)^2} dd = \frac{J_0}{\pi} 2\tan^{-1}(3) = 0.795 J_0 \quad (4.19)$$

Ce qui montre qu'à une distance de 3h de part et d'autre du centre de la piste se situe 80% du courant. Nous pouvons ainsi calculer la densité de courant présent pour différentes distances :

- $1h \to 50\%$ du courant total est concentré dans cette zone.
- $2h \to 70\%$
- $3h \to 80\%$
- $5h \to 87\%$
- $10h \to 94\%$
- $50h \to 99\%$

4. Caractérisation du canal de propagation et de son environnement

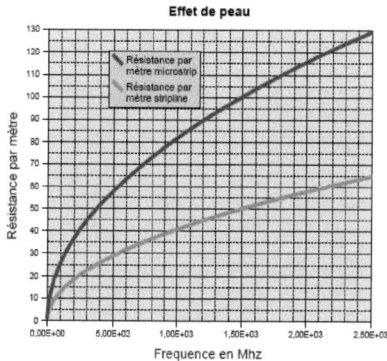

FIGURE 4.8.: Résistance linéique en fonction de la fréquence

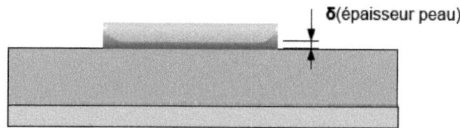

FIGURE 4.9.: Répartition de la densité de charges dans la microstrip

Cas de la stripline

Dans le cas de la stripline, les courants hautes fréquences sont concentrés sur les bords supérieur et inférieur du conducteur. La densité de courant dans le plan de masse a une allure de Gaussienne et dépend de la proximité des plans de masse. Si la stripline est référencée de façon équidistante de part et d'autre des plans de masse, la densité de courant sera divisée équitablement entre les portions haute et basse de la piste (figure 4.11).

La distribution de la densité de courant d'une stripline symétrique ($H1 = H2$) se calcule avec la relation 4.20. Il existe une formule similaire pour les striplines asymétriques ($H1 \neq H2$) [22].

$$J(x) = \frac{I}{\pi w}[tan^{-1}(e^{\frac{\pi(x-w/2)}{2h1}}) - tan^{-1}(e^{\frac{\pi(x+w/2)}{2h1}})] \qquad (4.20)$$

4. Caractérisation du canal de propagation et de son environnement

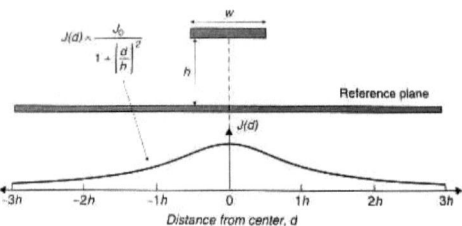

FIGURE 4.10.: Répartition de la densité de courant dans le plan de masse

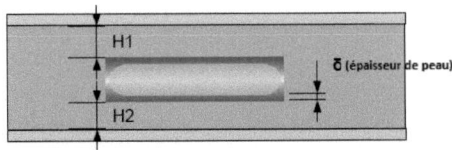

FIGURE 4.11.: Répartition de la densité de charges dans une stripline

Si H1 et H2 sont identiques, nous trouvons :

- $1h \rightarrow 74\%$ du courant est concentré dans cette zone.
- $2h \rightarrow 94\%$
- $3h \rightarrow 99\%$
- $5h \rightarrow 99.95\%$

Nous voyons donc bien l'avantage de la stripline pour les problématiques de diaphonie puisque le courant reste plus concentré autour de la piste que dans le cas de la microstrip.

4.3.2. Les pertes dues à la rugosité

Aujourd'hui, la plupart des outils de simulations 2D calcule la résistance et l'inductance de conducteurs "lisses". Or, la rugosité du cuivre est un élément à prendre en compte dans le design des liens multi-gigabits puisqu'il devient non négligeable lors de la montée en fréquence. En effet, la rugosité pouvant être assimilée à une structure dentelée, peut présenter des pics allant de $0.3\mu m$ à $5.8\mu m$ de hauteur moyenne sur du cuivre avec des maximums pouvant dépasser les $11\mu m$. Une certaine rugosité est pourtant indispensable puisqu'elle permet l'adhésion du cuivre avec les couches de diélectrique. Sachant qu'à 1 GHz l'épaisseur de peau dans le cuivre est d'environ $2\mu m$, la majorité du courant transite dans la partie dentelée du matériau. En haute fréquence, la rugosité augmentant les pertes ohmiques d'une ligne de transmission de façon significative, il faut réussir à modéliser cor-

4. Caractérisation du canal de propagation et de son environnement

rectement l'impact de celle-ci. Cela permettra d'obtenir des résultats de simulations les plus proches possibles de la réalité.

Il existe trois modèles principaux de la rugosité (par ordre de complexité) :

- le modèle Hammerstad
- le modèle Hémisphérique
- le modèle Huray

Le modèle Hammerstad

Pour du cuivre à forte rugosité, le modèle Hammerstad [23] a tendance à surévaluer les pertes en basse fréquence et à les sous évaluer en haute fréquence. Cependant, la méthode Hammerstad fonctionne bien pour les cuivres peu rugueux, c'est-à-dire lorsque le profil moyen de rugosité h_{RMS} est inférieur à $2\mu m$.

Le modèle Hémisphérique

Le modèle hémisphérique est une amélioration du modèle d'Hammerstad mais il surévalue également les pertes basse fréquence et les sous-évalue aux niveaux des fréquences intermédiaires. Le bénéfice majeur de ce modèle est qu'il permet de comprendre physiquement le comportement des champs et des courants de surface en présence de protubérance(s) localisée(s) sur le cuivre. Le domaine de validité du modèle hémisphérique concerne donc les cuivres dont le profil peut être caractérisé par une distribution de protubérances distinctes.

Le modèle Huray

L'approche de Huray [24] propose la méthodologie de modélisation de la rugosité la plus précise et elle peut être utilisée pour n'importe quel type de cuivre à condition d'avoir une image détaillée de son profil de rugosité. Ce dernier peut être obtenu à l'aide d'un profilomètre (figure 4.12) ou d'un microscope électronique à balayage.

Conclusion

Les logiciels de simulation actuels donnent aux utilisateurs la possibilité de choisir le modèle le plus adapté à ses besoins. Par exemple, dans SIwave 7.0 (Ansys), les modèles Hammerstad-Jensen et Huray sont disponibles. Quant à Momentum 2011 (Agilent), nous trouvons les modèles Hammerstad et Hémisphérique.

D'après les sous-traitants des PCB THALES, la valeur de la rugosité se situe entre 5 et 10 μm. Malgré ces valeurs importantes, les différents essais que nous avons menés ont montrés que l'impact de la rugosité sur le diagramme de l'oeil est négligeable pour les débits actuels. Dans la suite de la thèse, la rugosité sera donc considérée comme nulle. Cependant, lorsque les débits mis à oeuvre atteindrons 28 voir 56 Gbps, il sera nécessaire

4. Caractérisation du canal de propagation et de son environnement

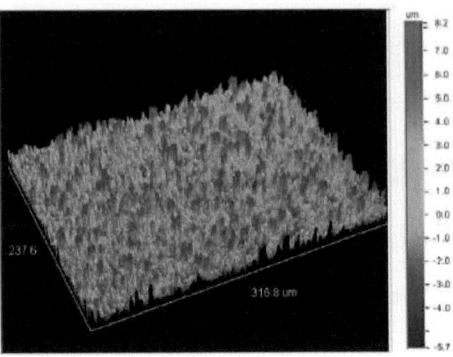

FIGURE 4.12.: Exemple de cartographie de la rugosité obtenue avec un profilomètre

de relancer des études de comparaisons des mesures et des simulations dans le domaine fréquentiel.

4.4. Autres phénomènes physiques

4.4.1. La densité de tressage

Pour les applications multi-gigabits, il est conseillé de travailler en étroite collaboration avec le fabricant de PCB afin de bien définir les caractéristiques (propriétés et dimensions) des matériaux que nous souhaitons utiliser. Le diélectrique utilisé actuellement (FR4) est non homogène car composé de résine et de fibres de verre (figure 4.14) n'ayant pas une permittivité identique ($\epsilon_{rsn} \approx 3$ pour la résine et $\epsilon_{gls} \approx 6$ pour la fibre de verre). Suivant la zone sur laquelle les pistes d'une paire différentielle vont reposer, leur impédance caractéristique peut être localement modifiée. Cela va provoquer des retards de propagation, et donc une dégradation de la qualité de la transmission.

La permittivité relative du FR4 est calculée avec la relation 4.21.

$$\epsilon_r = \epsilon_{rsn} V_{rsn} + \epsilon_{gls} V_{gls} \tag{4.21}$$

où : ϵ_{rsn} et ϵ_{gls} sont les permittivités et V_{rsn} et V_{gls} les rapport des volumes de chacun de deux matériaux.

Il est difficile de prendre en compte la problématique du tressage du diélectrique pendant les phases de conception car lors de la fabrication du PCB, l'orientation du maillage diffère d'une couche à l'autre de façon aléatoire. Quelques règles de conception permettent

4. Caractérisation du canal de propagation et de son environnement

de minimiser l'influence du tressage du diélectrique comme par exemple :

- Utiliser un diélectrique ayant un tressage dense comme du 2116 plutôt que du 106 ou 1080 qui sont très inhomogènes (figure 4.14).
- Prévoir des pistes les plus larges possibles.
- Préférer un FR4 ayant des tangentes de pertes faibles.
- Router les pistes en zig-zag de façon à traverser au moins trois fois le pas de tressage de la fibre de verre (figure 4.13). Cela a pour inconvénients de limiter la densification du PCB et le routage d'angles arbitraires peut être compliqué avec les logiciels de CAO qui utilisent principalement les angles prédéfinis à 0°, 45° et 90°.
- Pour les striplines, il est conseillé de choisir des diélectriques n'ayant pas la même densité de tressage en haut et en bas des pistes (figure 4.13).

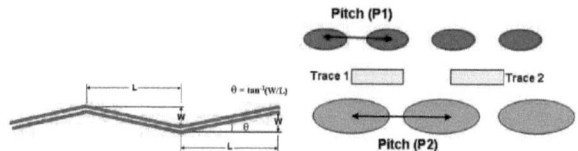

FIGURE 4.13.: Routage en zig-zag (à gauche) ; Utilisation de tressages différents pour le routage des striplines (à droite)

4.4.2. Impact de l'environnement

Nous avons vu que le choix des matériaux a un impact sur la conception de liens multigigabits (densité de tressage des fibres de verre, tangente de pertes, permittivité). Or, l'environnement climatique de la carte peut changer les propriétés des matériaux qui la composent de façon non négligeable. Les cartes électroniques conçues à THALES fonctionnant en environnements sévères, il est important d'avoir connaissance de ces phénomènes afin d'anticiper en conception une future dégradation possible des performances.

Les propriétés d'un diélectrique sont en partie fonction du taux d'humidité présent dans le matériau ainsi que de la température. Si un PCB fabriqué avec des diélectriques absorbants l'humidité (comme le FR4) est exposé à un environnement chaud et humide comme celui de la Malaisie pendant un temps suffisamment long, les pertes tangentielles et la permittivité vont augmenter. De ces phénomènes résultent une atténuation de l'onde accrue et donc une dégradation significative de la qualité de la transmission.

Des caractérisations du FR4 7628 ont été menées pour différentes conditions environnementales. La figures 4.15 montre qu'il y a 50% de pertes supplémentaires à 7.5 GHz lorsque le matériau se situe dans un lieu humide et chaud tandis que la variation est de seulement

4. Caractérisation du canal de propagation et de son environnement

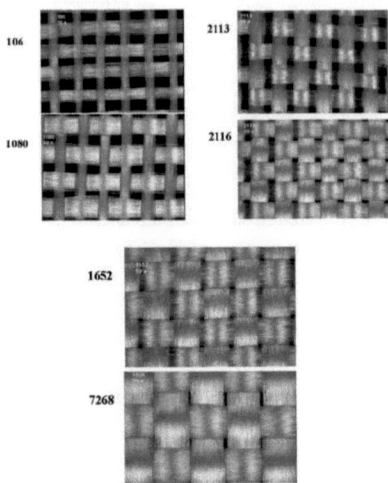

FIGURE 4.14.: Différentes densités de tressage de la fibre de verre dans le FR4

5% pour la permittivité. Si nous prenons deux climats réels proches de celui des mesures comme l'hiver dans l'Arizona (15% d'humidité relative et 15.6°C) et l'été en Malaisie (95% d'humidité relative et 35°C), nous constatons que la moitié de la puissance transmise est perdue à 10 GHz en Malaisie (figure 4.16).

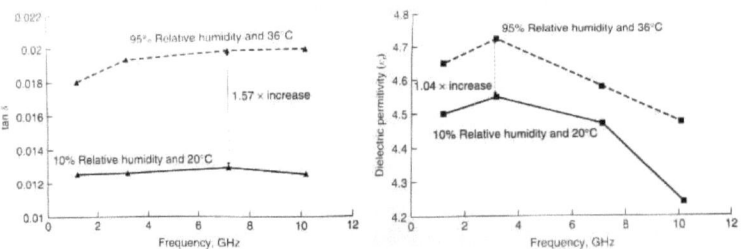

FIGURE 4.15.: Mesure de la tangente de perte et de la permittivité relative du FR4 7628 pour différents extrêmes environnementaux

Une expérience consistant à mesurer le coefficient de transmission (S_{21}) d'une ligne microstrip sur du FR4 7628 en fonction du temps a également été menée dans un environnement humide. La microstrip est stockée dans un lieu sec à t=0 puis elle est exposée à

4. Caractérisation du canal de propagation et de son environnement

une température de 38°C avec 95% d'humidité relative pendant 55 jours. Le paramètre S_{21} est mesuré pendant cette période à 10 GHz (figure 4.16). Nous constatons -6.3 dB de perte à t=0 et une quasi saturation du matériau en humidité au bout de 7 jours qui conduit à une perte de -8.9 dB. Finalement, au bout de 48 jours, les pertes de la microstrip se sont stabilisées à un niveau de -9.3 dB. Une perte de 50% (-3 dB) de la puissance a donc été observée entre t=0 et t=55 jours.

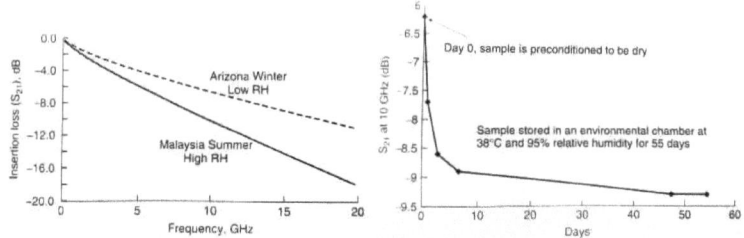

FIGURE 4.16.: Impact de l'environnement sur les pertes d'une microstrip sur FR4 (à gauche); Evolution du coefficient de transmission d'une ligne microstrip en fonction du temps (à droite)

Les striplines ont tendance à absorber l'humidité plus lentement que les microstrips car la surface du diélectrique en contact avec l'environnement extérieur est bien moins importante. Il a été montré qu'une stripline met 5 mois à absorber la même quantité d'humidité qu'une microstrip en 7 jours dans des conditions identiques.

Cette partie nous montre une nouvelle fois les bénéfices apportés par l'utilisation de striplines. L'existence de ces phénomènes physiques implique la conservation de marges lors des simulations d'intégrité du signal. Certains processus d'égalisation modernes adaptent automatiquement les corrections apportées au signal en fonction des variations subies par le canal de propagation (voir partie 1.2.3).

Ces modèles permettent de décrire précisément les caractéristiques du canal seul sur la plage de fréquence qui nous intéresse. Cependant, les signaux qui se propagent sur ce canal peuvent être perturbés par les signaux environnants, en particulier par diaphonie. Il faut alors décrire le canal de transmission et son environnement pour tenir compte des couplages en champ proche. La partie qui suit décrit plus précisément la modélisation de la diaphonie.

4. Caractérisation du canal de propagation et de son environnement

4.5. La diaphonie

4.5.1. Représentation matricielle

Un signal se propageant sur un média génère une onde électromagnétique qui s'établit entre deux conducteurs ou plus. Si d'autres lignes de transmission se trouvent à proximité de ce média, les champs électriques et magnétiques vont interagir avec les conducteurs adjacents. Il y a donc couplage de l'énergie d'une ligne de transmission à l'autre, c'est ce qu'on appelle la diaphonie. Ce phénomène est de plus en plus présent sur les cartes numériques actuelles du fait de l'augmentation des débits et de la densité des interfaces routées. La connaissance et l'étude de la diaphonie sont très importantes car cette dernière est souvent à l'origine de la dégradation de l'intégrité du signal.

Précédemment, nous avons vu qu'une piste sans perte peut être modélisée par une capacité linéique et une inductance linéique dont les valeurs dépendent de la géométrie. Si d'autres pistes se trouvent à proximité, alors des capacités et des inductances mutuelles s'ajoutent au modèle (figure 4.17).

D'après la loi de Lenz, la tension induite aux bornes de l'inductance mutuelle entraîne la circulation d'un courant qui parcourt le conducteur victime dans le sens inverse au courant sur la ligne active. La diaphonie dont le courant retourne vers la source est nommée par la suite NEXT (Near End crosstalk). Celle dont le courant parcourt la victime dans le même sens que le courant agresseur est appelée FEXT (Far End crossatlk). Le NEXT est toujours positif car les courants induits s'additionnent tandis que, dans la majorité des cas, le FEXT est négatif car $I_{Cm} < I_{Lm}$ (figure 4.17). De même, le NEXT sature à une certaine amplitude alors que le FEXT est cumulatif et dépendant de la longueur de couplage.

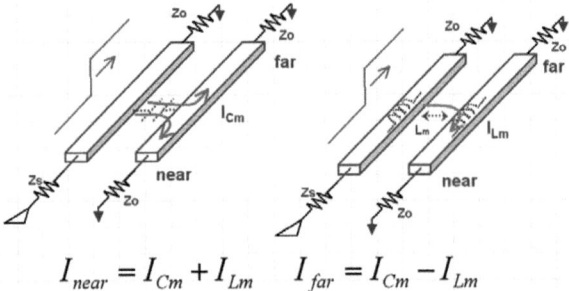

$$I_{near} = I_{Cm} + I_{Lm} \qquad I_{far} = I_{Cm} - I_{Lm}$$

FIGURE 4.17.: Near End et Far End Crosstalk - Couplage capacitif par la capacité mutuelle C_m (à gauche). Couplage inductif par l'inductance mutuelle L_m (à droite)

Une diaphonie apparaît entre deux pistes lorsqu'un signal change d'état sur au moins une

4. Caractérisation du canal de propagation et de son environnement

des deux pistes adjacentes. Le niveau de couplage dépend donc des valeurs des capacités et inductances citées ci-dessus mais également des caractéristiques des signaux se propageant sur ces pistes (temps de montée, fréquence de transition, amplitude, déphasage d'un signal par rapport à l'autre).

Un système composé de deux lignes couplées peut être décrit par les matrices des capacités et des inductances :

$$\begin{bmatrix} v_1 \\ v_2 \end{bmatrix} = \begin{bmatrix} L_0 & L_M \\ L_M & L_0 \end{bmatrix} \begin{bmatrix} di_1/dt \\ di_2/dt \end{bmatrix} \; et \; \begin{bmatrix} i_1 \\ i_2 \end{bmatrix} = \begin{bmatrix} C_g + C_M & -C_M \\ -C_m & C_g + C_M \end{bmatrix} \begin{bmatrix} dv_1/dt \\ dv_2/dt \end{bmatrix}$$

Où L_0 et C_g sont respectivement les self-inductances et les self-capacitances des lignes.

Soit la forme généralisée d'un système composé de n lignes couplées :

$$\begin{bmatrix} v_1 \\ v_2 \\ \vdots \\ v_n \end{bmatrix} = \begin{bmatrix} L_{11} & L_{12} & \dots & L_{1n} \\ L_{n1} & L_{22} & & L_{2n} \\ \vdots & & \ddots & \vdots \\ L_{n1} & L_{n2} & \dots & L_{nn} \end{bmatrix} \begin{bmatrix} di_1/dt \\ di_2/dt \\ \vdots \\ di_n/dt \end{bmatrix} \; et \; \begin{bmatrix} i_1 \\ i_2 \\ \vdots \\ i_n \end{bmatrix} = \begin{bmatrix} C_{11} & -C_{12} & \dots & -C_{1n} \\ -C_{n1} & C_{22} & & -C_{2n} \\ \vdots & & \ddots & \vdots \\ -C_{n1} & -C_{n2} & \dots & C_{nn} \end{bmatrix} \begin{bmatrix} dv_1/dt \\ dv_2/dt \\ \vdots \\ dv_n/dt \end{bmatrix}$$

Les éléments de la diagonale de la matrice d'inductance L_{11}, L_{22}, L_{nn} représentent respectivement la self-inductance des lignes 1, 2 et n. Les éléments L_{ij} représentent les inductances mutuelles entre les lignes i et j. La matrice inductance est symétrique ($L_{ij}=L_{ji}$). Concernant les éléments de la diagonale de la matrice capacitive C_{11}, C_{22}, C_{nn}, ils représentent la capacité totale des pistes 1, 2 et n (soit la somme de la capacité formée avec la masse plus les capacités mutuelles formées avec les autres lignes). Enfin, les éléments C_{ij} correspondent aux capacités mutuelles entre les lignes i et j.

4.5.2. Modes de propagation

Soient deux pistes adjacentes, on parle de transmission :

- en mode pair (even mode) lorsque les signaux sont en phase.
- en mode impair (odd mode) lorsque les signaux sont en opposition de phase.
- en mode "quiet" s'il n'y a un changement d'état sur seulement l'une des deux pistes.

En fonction du mode de transmission, l'impédance caractéristique de la ligne change. En effet :

$Z_c = \sqrt{\frac{L}{C}}$

4. Caractérisation du canal de propagation et de son environnement

Or :

$L_{odd} = L_{11} - L_{12}$ $\quad L_{even} = L_{11} - L_{12}$
$C_{odd} = C_{11} + C_{12}$ $\quad C_{even} = C_{11} - C_{12}$

Suivant le mode de propagation, la répartition des lignes de champ électromagnétique autour des pistes n'est pas le même (figure 4.18). De ce fait, lorsque le milieu n'est pas homogène (cas de la microstrip), le temps de propagation (noté TD) de chacun des modes diffère, ce qui a pour effet de créer du FEXT. Dans un milieu homogène (cas de la stripline), le FEXT est nul :

$TD_{odd} = TD_{even}$
$<=> \sqrt{L_{odd}C_{odd}} = \sqrt{L_{even}C_{even}}$
$<=> \sqrt{(L_{11} - L_{12})(C_{11} + C_{12})} = \sqrt{(L_{11} + L_{12})(C_{11} - C_{12})}$
$<=> -L_{12}C_{11} + L_{11}C_{12} = -L_{11}C_{12} + L_{12}C_{11}$
$<=> \frac{L_{12}}{L_{11}} = \frac{C_{12}}{C_{11}}$

Alors $FEXT = -\frac{V_{input}.Length.\sqrt{LC}}{2.T_r}[\frac{L_{12}}{L_{11}} - \frac{C_{12}}{C_{11}}] = 0$

Remarque : Les caractéristiques du bruit dû à la diaphonie sont dépendantes de la terminaison de la ligne victime.

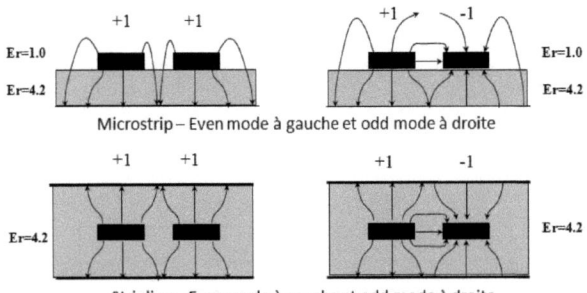

FIGURE 4.18.: Répartition du champ électrique en fonction du mode de propagation et de la topologie de la piste

Nous voyons donc qu'en théorie, la stripline est plus robuste à la diaphonie que la microstrip. Cependant, les pertes en microstrip sont moins importantes que celle en stripline du fait de la faible tangente de perte de l'air. Nous confirmerons cela par des simulations et des mesures dans les parties suivantes.

4. Caractérisation du canal de propagation et de son environnement

4.5.3. Analyse modale appliquée aux paires différentielles

Lors de l'analyse de paires différentielle, les signaux en opposition de phase sont assimilés à une propagation en mode différentiel, tandis que ceux transitant en phase sont du mode commun. Le mode différentiel et le mode commun ne sont pas des modes comme les modes pairs et impairs peuvent l'être. Ils sont simplement appelés ainsi par convention.

Les liens multigigabits utilisent le mode différentiel. Afin de limiter le phénomène d'onde stationnaire, il est important de s'assurer que l'impédance différentielle d'un lien MGH soit égale à celles des terminaisons de l'émetteur et du récepteur (équation 4.22).

$$Z_{differentiel} = 2Z_{odd} \tag{4.22a}$$
$$Z_{commun} = Z_{even}/2 \tag{4.22b}$$

Lorsque le déphasage de 180° entre chacune des pistes est modifié alors une partie de l'énergie est convertie du mode différentiel au mode commun. Cette conversion de mode est à éviter au maximum car le mode commun étant éliminé par le récepteur différentiel, le signal converti sera perdu. Le mode différentiel est converti en mode commun s'il existe une asymétrie entre les canaux P et N. Cette asymétrie peut être due à un ou plusieurs des cas suivants :

- une différence de longueur
- des couplages différents
- des gravures différentes
- des terminaisons différentes
- matériaux (densité de tressage du FR4)

La quantité de signal convertie en mode commun est également dépendante de la fréquence. Par exemple, pour une paire différentielle dont les canaux P et N ont pour longueur respective l_1 et l_2, on a :

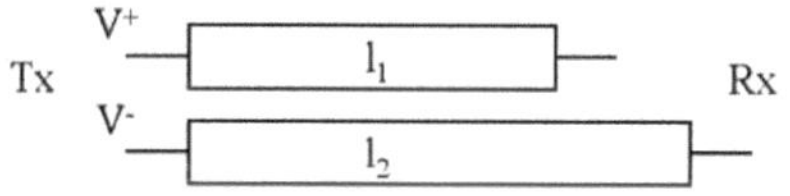

$$V^+(\omega, l_1) = v_1^+ e^{-\alpha l_1} e^{j(\omega t - \beta l_1)}$$
$$V^-(\omega, l_2) = v_2^- e^{-\alpha l_2} e^{j(\omega t + \pi - \beta l_2)}$$

FIGURE 4.19.: Influence de la fréquence du signal dans la conversion de mode

4. Caractérisation du canal de propagation et de son environnement

La conversion de mode ACCM (AC Common Mode conversion) est égale à :

$$ACCM = \frac{V^+(z=l_1)+V^-(z=l_2)}{V^+(z=0)-V^-(z=0)} = \frac{v_1^+ e^{-\alpha_1} e^{j(\omega t-\beta_1)} + v_2^- e^{-\alpha_2} e^{j(\omega t+\pi-\beta_2)}}{v_1^+ e^{-\alpha_1} e^{j(\omega t)} - v_2^- e^{-\alpha_2} e^{j(\omega t+\pi)}}$$

A basse fréquence, le déphasage est faible, ACCM = 0. Lorsque la fréquence augmente, le déphasage augmente exponentiellement. Quand la différence de phase atteint 360°, le signal différentiel est complètement converti en un signal de mode commun au niveau Rx (0 de transmission).

Sur la figure 4.20, lorsque ACCM=1, la conversion de mode est totale : la composante du signal à f=11.5 GHz n'est pas reçue. A 4.5 GHz, Rx recevra seulement 50% de l'énergie envoyée (en supposant que les pertes soient nulles). Au-delà de 11.5 GHz, l'ACCM diminue et redevient nul. Cependant, il ne faut pas utiliser le système dans cette plage de fonctionnement car le déphasage entre chaque canal de la paire différentielle est de 180°+360°, donc le bit 1 de la piste 1 s'alignera avec le bit 2 de la piste 2 générant une erreur.

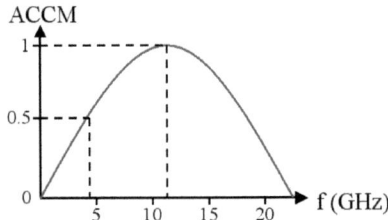

FIGURE 4.20.: Conversion du mode différentiel en mode commun en fonction de la fréquence du signal

4.6. Conclusion partielle

Les éléments décrits dans ce chapitre permettent de caractériser localement le canal de transmission et son environnement. Ils doivent être pris en compte lors de l'établissement du modèle de la carte utilisé ensuite pour analyser le comportement des signaux. Pour l'étude des liens MGH, compte tenu des débits envisagés et des fréquences des signaux, ce modèle se base sur l'utilisation des paramètres S obtenus par une modélisation électromagnétique de la carte. Ces paramètres sont ensuite utilisés conjointement avec des modèles d'émetteurs et de récepteurs dans un logiciel de simulation spécifique pour déterminer la qualité de la liaison. Ce sont ces outils que nous allons maintenant présenter.

5. Les outils permettant de quantifier la qualité des liens MGH

Les outils permettant de quantifier la qualité des liens MGH proviennent de monde du numérique et du monde des hyperfréquences. Ainsi, l'analyse du canal de propagation est basée sur la théorie des paramètres S. Cependant, nous verrons qu'il existe des paramètres S spécifiques à l'étude de signaux différentiels. Afin d'obtenir le comportement réel des liens numériques, une excitation représentative de l'émetteur permettra d'obtenir l'allure temporelle des signaux transmis. Dans les cas que nous traitons, nous estimons que le mode de visualisation des résultats le plus adapté est le diagramme de l'oeil.

5.1. Coefficient de réflexion

Dans le cas d'une ligne sans pertes d'impédance caractéristique Z_c chargée par Z_L, le coefficient de réflexion ρ permet de connaître le pourcentage d'énergie réfléchie par la relation 5.1.

$$\rho(z) = \frac{V_r}{V_i} \exp 2j\beta z = \frac{Z_L - Z_c}{Z_L + Z_c} \exp 2j\beta(z - l) \tag{5.1}$$

avec :
- V_r et V_i, respectivement les tensions réfléchie et incidente
- $\beta = \frac{2\pi}{\lambda_g}$ constante de propagation (λ_g, longueur de l'onde guidée)
- z, distance parcourue par l'onde
- Z_c et Z_L, respectivement l'impédance caractéristique de la ligne et l'impédance de la charge.

Le coefficient de réflexion au niveau de la charge (z=l) est donc :

$$|\rho_L| = |\frac{Z_L - Z_c}{Z_L + Z_c}| \tag{5.2}$$

Les trois cas particulier suivants montrent l'importance de la maîtrise de l'impédance caractéristique de la ligne de transmission car plus celle-ci sera proche de celle de la charge, moins il y aura d'énergie réfléchie. Cela veut dire que, pour une ligne sans perte, la totalité de la puissance incidente est transmise.

- Lorsque $Z_L = 0$, $\rho_L = -1$ (phénomène d'onde stationnaire)
- Lorsque $Z_L = \infty$, $\rho_L = 1$ (phénomène d'onde stationnaire)
- Lorsque $Z_L = Z_c$, $\rho_L = 0$

5.1.1. Taux d'ondes stationnaire (TOS)

A partir du coefficient de réflexion, le TOS peut être calculé par la relation : $TOS = \frac{1+|\rho_L|}{1-|\rho_L|}$.
Il n'y a pas d'onde stationnaire lorsque $\rho_L = 0$ soit $TOS = 1$.

5.2. Paramètres S

Tout système linéaire et invariant dans le temps peut être caractérisé en étudiant uniquement son comportement au niveau de ses ports, sans tenir compte de son contenu. Son comportement est alors décrit par une matrice dont les éléments, dépendant de la fréquence, relient les réponses en sortie et en entrée du système à une excitation en entrée. Parmi les différentes matrices existantes, la plus utilisée pour la caractérisation de systèmes hyperfréquences est appelée "Scattering Matrix" (matrice de répartition) plus connues par le nom de ses éléments : les paramètres S. A l'origine, les paramètres S étaient réservés aux concepteurs d'antennes, guides d'ondes et autres applications bande étroite dans les domaines des microondes et de la RF. Cependant, la montée des débits a causé la convergence de deux mondes, celui de l'hyperfréquence avec celui du numérique. Le principe de la "Scattering Matrix" est le suivant : au lieu de mesurer les tensions et courants au niveau des ports du système, les paramètres S mettent en relation la puissance des ondes incidentes a(z) avec celle des ondes réfléchies b(z) sur chaque port.

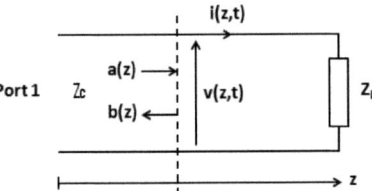

FIGURE 5.1.: Système à 2 ports

Soit le système présenté sur la figure 5.1. Alors les grandeurs normalisées du couple tension/courant sont :

$v(z) = \frac{V(z)}{\sqrt{Z_c}} = v_i(z) + v_r(z)$
$i(z) = \sqrt{Z_c}I(z) = v_i(z) - v_r(z)$

Alors les coefficients de répartition sont :

$$a(z) = \frac{V(z) + Z_c I(z)}{2\sqrt{Z_c}} = \frac{v(z) + i(z)}{2} \text{ et } b(z) = \frac{V(z) - Z_c I(z)}{2\sqrt{Z_c}} = \frac{v(z) - i(z)}{2}$$

La puissance fournie au dipôle est donc :

5. Les outils permettant de quantifier la qualité des liens MGH

$P = P_i - P_r$

où :

$P_i = \frac{1}{2}|a(z)|^2$ (puissance d'entrée)

$P_r = \frac{1}{2}|b(z)|^2$ (puissance de sortie)

Dans le cas d'un quadripôle, les paramètres S sont dérivés du rapport des coefficients de répartition a(z) et b(z). Le terme S_{11} est calculé à partir de la racine du rapport entre la puissance réfléchie et la puissance incidente sur le port 1 lorsque le port 2 est adapté $(a_2 = 0)$: $S_{11} = \frac{b_1}{a_1}\big|_{a_2=0}$. Par analogie, le terme S_{21} est le rapport entre la puissance injectée sur le port 1 et la puissance mesurée sur le port 2 lorsque le port 2 est adapté $(a_2 = 0)$: $S_{21} = \frac{b_2}{a_1}\big|_{a_2=0}$ (transmission de 1 vers 2). Nous pouvons écrire le système d'équations suivant :

$$\begin{pmatrix} b_1 = S_{11}a_1 + S_{12}a_2 \\ b_2 = S_{21}a_1 + S_{22}a_2 \end{pmatrix}$$

Soit sous forme matricielle :

$$\begin{vmatrix} b_1 \\ b_2 \end{vmatrix} = \begin{vmatrix} S_{11} & S_{12} \\ S_{21} & S_{22} \end{vmatrix} \cdot \begin{vmatrix} a_1 \\ a_2 \end{vmatrix}$$

Avec la matrice des paramètres S, trois types d'analyses peuvent donc être menées : la réflexion, la transmission (ou pertes d'insertion) et le couplage.

5.2.1. Paramètres S de réflexion

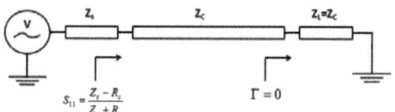

FIGURE 5.2.: Coefficient de réflexion

Le circuit montré sur la figure 5.2 n'a pas de réflexion à l'extrémité opposée à celle de la source car son impédance de terminaison est égale à l'impédance caractéristique de la ligne. Cependant, l'impédance de la source est différente de celle de la ligne, une partie de l'énergie est donc réfléchie au niveau de la rupture d'impédance entre la source et la ligne. Lorsque la sortie est adaptée, l'impédance ramenée à l'entrée de la ligne est Z_c, nous avons donc :

5. Les outils permettant de quantifier la qualité des liens MGH

$$S_{11} = |\frac{b_1}{a_1}|_{a_2=0} = \frac{v_{reflechie}}{v_{incidente}} = \frac{Z_c - Z_s}{Z_c + Z_s} \tag{5.3}$$

Lorsque la sortie n'est pas adaptée, le calcul du paramètre de réflexion $\rho(f)$ se complexifie car l'onde réfléchie contient la contribution des différentes ruptures d'impédance. Cela signifie que l'impédance d'entrée du circuit vue par la source est fonction de la fréquence :

$$Z_{11}(f) = \frac{Z_{in}(f) - Z_L}{Z_{in}(f) + Z_L} \tag{5.4}$$

Avec : $Z_{in}(f) = Z_c \cdot \frac{Z_L + jZ_c.tan\beta l}{Z_c + jZ_L.tan\beta l}$ (ligne sans pertes)

5.2.2. Pertes d'insertion

Lorsque la puissance est injectée sur le port 1 et mesurée sur le port 2, la racine carrée du rapport des puissances est réduit à un rapport de tension. Le paramètre S_{21} est la mesure de la puissance transmise du port 1 au port 2 et est appelé "pertes d'insertion" (équation 5.5). En conception de système numérique, c'est le paramètre S le plus utilisé car il permet de visualiser le délai et l'amplitude du signal vu au niveau du récepteur.

$$S_{21} = |\frac{b_2}{a_1}|_{a_2=0} = \frac{v_{transmise}}{v_{incidente}}|_{a_2=0} \tag{5.5}$$

$$\theta_{S_{21}} = arctan\frac{Im(S_{21})}{Re(S_{21})} \tag{5.6}$$

5.2.3. Paramètres S de couplage

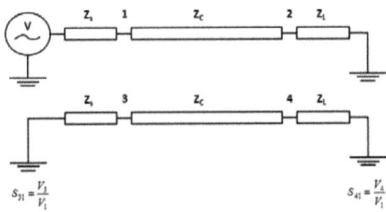

FIGURE 5.3.: Système 4 ports : couplage

Soit le réseau 4 ports montré sur la figure 5.3. Comme expliqué précédemment, pour mesurer le NEXT, une onde injectée sur le port 1 est mesurée sur le port 3 (paramètre S_{31}). Par analogie, lorsque qu'une onde injectée sur le port 1 est mesurée sur le port 4, le FEXT est obtenu (paramètre S_{41}).

5.3. Paramètres S multi-modes

Les paramètres S multi-modes sont très utiles à l'étude de paires différentielles car ils permettent de visualiser très rapidement l'état du canal en prenant en compte les pertes, les réflexions et les conversions du mode différentiel vers le mode commun et vice versa. Ces conversions de modes sont à maîtriser et à éviter (voir partie 4.5.3). Il existe quatre types de paramètre S multi-mode :

S_{DD} : Differential to Differential Parameter.
Réponse du système en mode différentiel à un stimuli en mode différentiel.

FIGURE 5.4.: Conservation du mode différentiel

S_{DC} : Common to Differential Parameter
Réponse du système en mode différentiel à un stimuli en mode commun.

FIGURE 5.5.: Conversion du mode commun vers le mode différentiel

S_{CD} : Differential to Common Parameter
Réponse du système en mode commun à un stimuli en mode différentiel.

FIGURE 5.6.: Conversion du mode différentiel vers le mode commun

S_{CC} : Common to Common Parameter
Réponse du système en mode commun à un stimuli en mode commun.

FIGURE 5.7.: Conservation du mode commun

Par analogie avec les paramètres S single-ended, les paramètres S multi-modes relient chacun des ports (ici différentiels) entre eux. Par exemples, le paramètre S_{dd11} indique la réflexion du mode différentiel sur le port 1 et S_{dc21} donne la conversion du mode commun vers le mode différentiel lors d'une transmission du port 1 vers le port 2. Pour un système à deux ports différentiels, la matrice est donnée sur la figure 5.8. Pour un système à n ports différentiels, la matrice permet de visualiser le couplages de modes entre les ports.

Il est possible de calculer les paramètres S multi-modes à partir des paramètres S single-ended avec les équations présentées sur la figure 5.9.

Les paramètres S multi-modes vus dans cette partie permettent de quantifier la conversion de modes d'un système à n ports dans l'étude de la diaphonie entre paires différentielles.

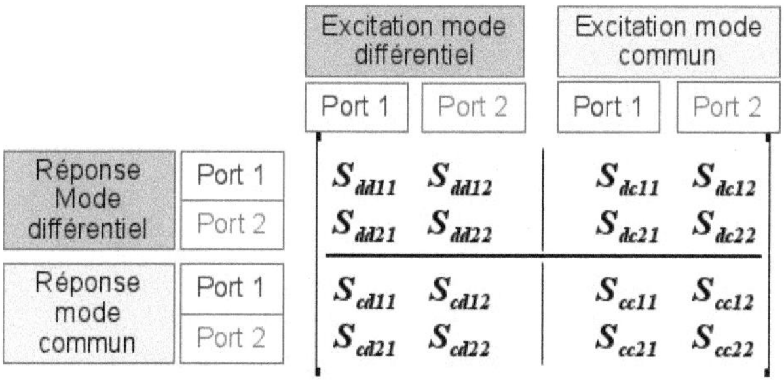

5. Les outils permettant de quantifier la qualité des liens MGH

		Excitation mode différentiel		Excitation mode commun	
		Port 1	Port 2	Port 1	Port 2
Réponse Mode différentiel	Port 1	S_{dd11}	S_{dd12}	S_{dc11}	S_{dc12}
	Port 2	S_{dd21}	S_{dd22}	S_{dc21}	S_{dc22}
Réponse mode commun	Port 1	S_{cd11}	S_{cd12}	S_{cc11}	S_{cc12}
	Port 2	S_{cd21}	S_{cd22}	S_{cc21}	S_{cc22}

FIGURE 5.8.: Matrice des paramètres S multi-modes

Differential-to-Differential

$$S_{DD11} = \frac{1}{2}(S_{11} - S_{21} - S_{12} + S_{22})$$
$$S_{DD12} = \frac{1}{2}(S_{13} - S_{23} - S_{14} + S_{24})$$
$$S_{DD21} = \frac{1}{2}(S_{31} - S_{41} - S_{32} + S_{42})$$
$$S_{DD22} = \frac{1}{2}(S_{33} - S_{43} - S_{34} + S_{44})$$

Differential-to-Common

$$S_{CD11} = \frac{1}{2}(S_{11} + S_{21} - S_{12} - S_{22})$$
$$S_{CD12} = \frac{1}{2}(S_{13} + S_{23} - S_{14} - S_{24})$$
$$S_{CD21} = \frac{1}{2}(S_{31} + S_{41} - S_{32} - S_{42})$$
$$S_{CD22} = \frac{1}{2}(S_{33} + S_{43} - S_{34} - S_{44})$$

Common-to-Differential

$$S_{DC11} = \frac{1}{2}(S_{11} - S_{21} + S_{12} - S_{22})$$
$$S_{DC12} = \frac{1}{2}(S_{13} - S_{23} + S_{14} - S_{24})$$
$$S_{DC21} = \frac{1}{2}(S_{31} - S_{41} + S_{32} - S_{42})$$
$$S_{DC22} = \frac{1}{2}(S_{33} - S_{43} + S_{34} - S_{44})$$

Common-to-Common

$$S_{CC11} = \frac{1}{2}(S_{11} + S_{21} + S_{12} + S_{22})$$
$$S_{CC12} = \frac{1}{2}(S_{13} + S_{23} + S_{14} + S_{24})$$
$$S_{CC21} = \frac{1}{2}(S_{31} + S_{41} + S_{32} + S_{42})$$
$$S_{CC22} = \frac{1}{2}(S_{33} + S_{43} + S_{34} + S_{44})$$

FIGURE 5.9.: Conversion des paramètres S single-ended vers les paramètres S multi-modes

5.4. Diagramme de l'oeil

Le diagramme de l'oeil est certainement l'outil le plus intuitif pour valider la qualité d'une transmission. En effet, il est simple à mettre en oeuvre et permet de tirer de nombreuses informations sur les différents phénomènes pouvant dégrader les performances d'un lien MGH.

5.4.1. Construction d'un oeil

L'oeil est construit en superposant, dans une fenêtre temporelle d'environ 2 UI, une séquence binaire suffisamment longue pour être représentative de la transmission (figure 5.10). L'objectif est d'obtenir un oeil suffisamment ouvert en hauteur et en largeur pour respecter les spécifications des protocoles ou les marges du récepteur. En effet, ce dernier doit convertir le signal analogique reçu en données numériques avec le minimum d'erreur possible. Lorsque l'oeil donné en exemple sur la figure 5.10 ne chevauche pas le polygone rouge appelé masque de conformité (compliance mask) alors les données seront transmises avec un nombre d'erreur raisonnable. Le masque, parfois fourni par le fabricant du composant, permet ici de respecter un BER de 10^{-12}.

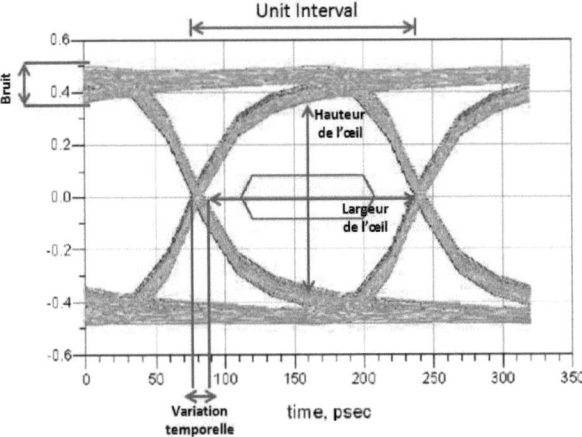

FIGURE 5.10.: Exemple de diagramme de l'oeil à 6,25 Gbps

5.5. Lien entre les paramètres S et l'ouverture de l'oeil

Nous avons vu précédemment que le canal de propagation est la principale cause de dégradation d'un signal MGH. En ayant une bonne connaissance du spectre du signal MGH et en visualisant les paramètres S du canal, il est possible d'avoir une idée sur l'ouverture de l'oeil qui en résultera à condition que la diaphonie ne soit pas trop importante. Il est également possible de savoir quel canal de propagation donnera l'oeil le plus ouvert à un niveau de diaphonie constant. En effet, la première partie montre que ce sont les premiers GigaHertz qui ont le plus d'impact sur la qualité de la transmission car la fondamentale du signal porte le plus de puissance. Afin d'illustrer ces propos, une étude mettant en relation les paramètres S et l'ouverture de l'oeil a été réalisée pour un débit de 6,25 Gbps. Les fichiers de paramètres S utilisés dans cette étude ont été créés dans Excel et correspondent à un canal fictif.

Dans un premier temps, nous comparons les ouvertures de l'oeil d'une ligne sans perte avec une ligne dont le paramètre S_{21} décroit linéairement jusqu'à la fréquence maximale

5. Les outils permettant de quantifier la qualité des liens MGH

du fondamental (3,125 GHz) et atteint la valeur de -5 dB. Au delà de cette fréquence, la transmission est considérée comme parfaite (figure 5.11).

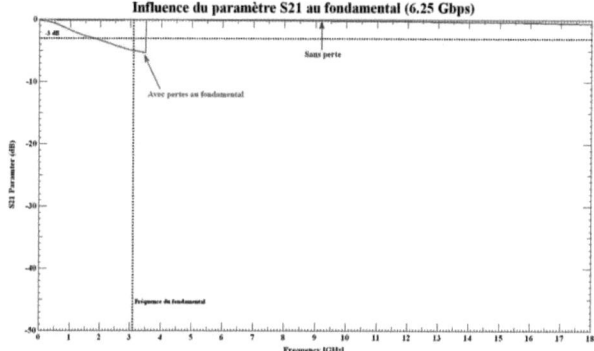

FIGURE 5.11.: Comparaison des paramètres S d'une ligne sans perte avec une ligne perturbée sur les premiers GHz

Les diagrammes de l'oeil associés à ces paramètres S sont présentés sur la figure 5.12. Bien que l'oeil correspondant aux paramètres S dégradés soit suffisamment ouvert pour respecter les spécifications du récepteur, il est grandement perturbé. En effet, la hauteur de l'oeil est divisée par deux par rapport à l'oeil de référence donné pour une transmission parfaite sur toute la bande de fréquence.

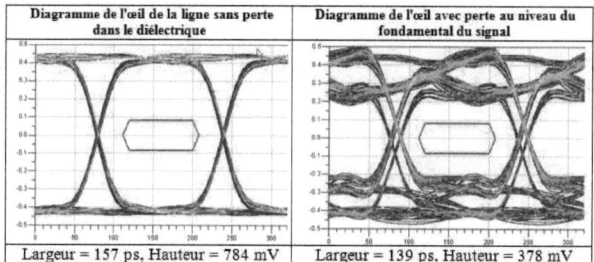

FIGURE 5.12.: Influence du paramètre S21 sur l'oeil à la fréquence maximale du fondamentale

Les paramètres S de la figure 5.13 présentent une forte dégradation des performances au niveau de la troisième harmonique du signal dont la fréquence maximale est de 9,375 GHz. A cette fréquence, le paramètre S_{21} est égal à -15 dB. Le diagramme de l'oeil subissant cette dégradation est comparé à l'oeil de référence sur la figure 5.14. Malgré une forte atténuation de la troisième harmonique, nous remarquons que la qualité de la transmission n'est que très peu impactée. Nous pouvons en déduire que c'est bien le début de la bande qui a le plus d'impact sur l'ouverture de l'oeil. Confirmons ceci sur un dernier exemple où la cinquième harmonique du signal est tellement dégradée qu'elle en devient inexistante.

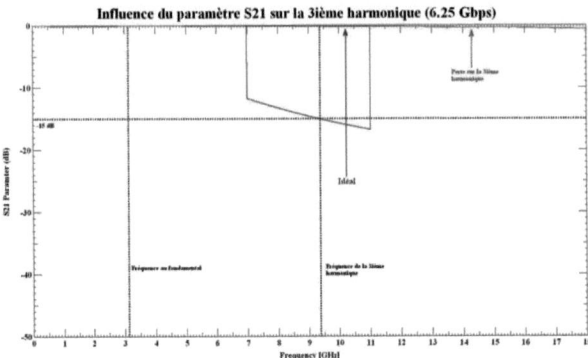

FIGURE 5.13.: Comparaison des paramètres S d'une ligne sans perte avec une ligne perturbée au niveau de la troisième harmonique

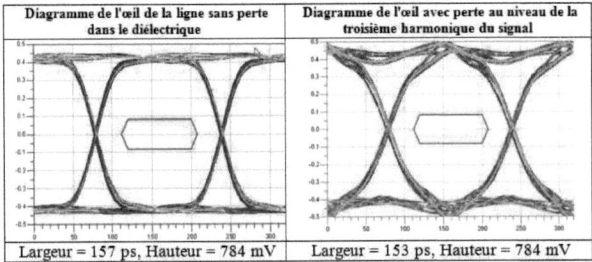

FIGURE 5.14.: Influence du paramètre S21 sur l'oeil à la fréquence maximale de la troisième harmonique

Comme le montre le paramètre S_{21} de la figure 5.15, la fréquence maximale de la cinquième harmonique du signal (15,625 GHz) est inexistante puisqu'elle se trouve à un niveau de -45 dB. Pourtant, l'ouverture de l'oeil correspondante n'est quasiment pas dégradée.

5. Les outils permettant de quantifier la qualité des liens MGH

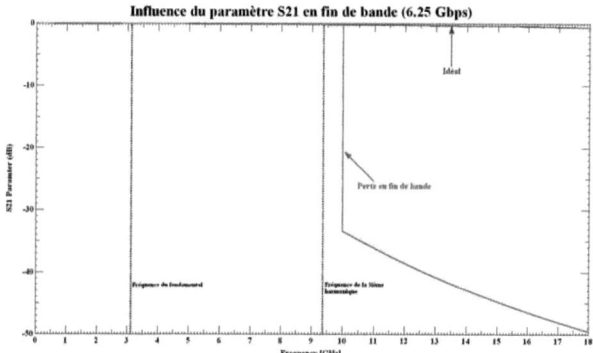

FIGURE 5.15.: Comparaison des paramètres S d'une ligne sans perte avec une ligne perturbée au niveau de la cinquième harmonique

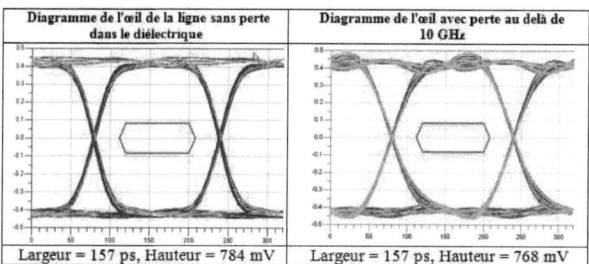

FIGURE 5.16.: Influence du paramètre S21 sur l'oeil à la fréquence maximale de la cinquième harmonique

Pour conclure, cette étude met en évidence le lien étroit qu'il existe entre les paramètres S et l'ouverture de l'oeil à un débit donné. Cependant, lorsqu'un PCB dense et complexe est étudié, il existe des couplages dont l'impact dépend des propriétés du signal se propageant sur les pistes adjacentes. Or, les paramètres S ne prennent pas en compte le comportement des transceivers. Le calcul de l'oeil est donc indispensable. Nous verrons dans la partie 2.2 qu'une analyse approfondie de la gigue de phase du signal, aussi appelée "Jitter", permet de quantifier la contribution de chaque phénomène dégradant. Avec ces informations, nous serons capables d'optimiser rapidement les performances du système en agissant de façon ciblée.

Deuxième partie.
Étude du canal de propagation

1. Évaluation des simulateurs électromagnétiques pour la simulation des liens MGH

1.1. Introduction

Nous avons vu précédemment que plus les problèmes d'intégrité du signal étaient pris en compte tôt dans la phase de conception, moins les modifications à apporter étaient coûteuses. L'augmentation de la complexité des cartes électroniques nécessite l'utilisation de logiciels de simulations. La montée en débit des composants impose des méthodes de calculs numériques avancées, habituellement réservées au domaine des hyperfréquences. Dans l'annexe A, nous rappelons les différents types de simulateurs électromagnétiques, 2D statiques, 3D quasi-statiques, 3D hybrides et 3D rigoureux et ce qui les différencie, en particulier les différentes approximations utilisées et leurs domaines de validité (figure 1.1). Nous abordons succinctement les méthodes de résolution associées que nous retrouverons dans des logiciels commerciaux évalués. La solution logicielle retenue doit être un bon compromis entre le temps de mise en place de la simulation, la précision des résultats et le temps de calcul afin de respecter le "Time-to-Market" (figure 1.2).

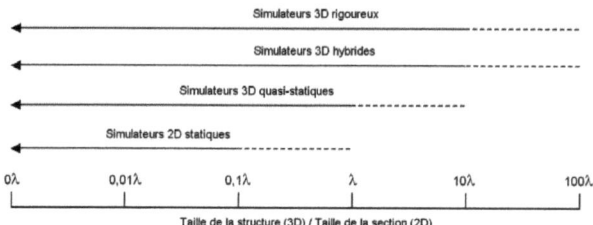

FIGURE 1.1.: Comparaison des domaines de validité des simulateurs EM

Les logiciels de simulation que nous avons évalués et validés doivent nous permettre, à partir du PCB défini dans notre environnement de conception, d'extraire les informations relatives à une liaison MGH et à son environnement (en particulier les pistes adjacentes susceptibles de provoquer de la diaphonie).

Le logiciel Allegro fait parti de la suite d'outils Cadence utilisée pour la conception des cartes électroniques à THALES Communications and Security. Il dispose de plusieurs

1. Évaluation des simulateurs électromagnétiques pour la simulation des liens MGH

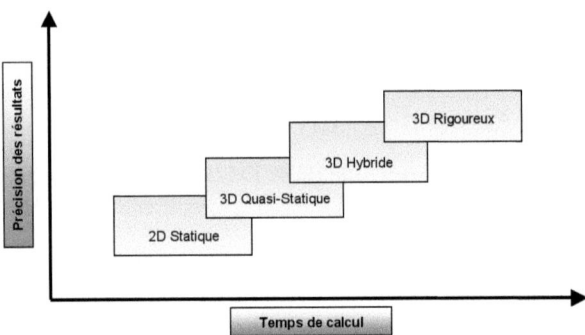

FIGURE 1.2.: Évaluation qualitative des simulateurs EM entre temps de calcul et précision des résultats

solveurs 2D, quasi-statique et full-wave utilisés pour l'analyse de l'intégrité des signaux classiques. Les autres logiciels évalués sont EMPro 2009 (Agilent) et Microwave Studio 2010 (CST), deux logiciels 3D full-wave, ainsi que le logiciel SIwave 6.0 (Ansys) qui hybride différentes méthodes de calcul (FEM 2D, MoM et 3D quasi-statique). L'objectif de cette évaluation était de déterminer le logiciel offrant le meilleur compromis temps / précision pour l'extraction des paramètres relatifs aux liens MGH [25].

Nous verrons dans la suite que les outils 3D planaire et 3D full-wave nécessitent des machines de calculs très performantes. En fonction du moteur de calcul utilisé, la configuration matérielle optimale change. Par exemple, la FEM et la Méthode des Moments (MoM) sont efficaces lorsque le nombre de coeurs CPU et la quantité de mémoire RAM sont très importants. Concernant la méthode FDTD, le temps de calcul est dépendant du nombre de coeurs mais assez peu de la quantité de RAM, l'architecture des GPU (Graphics Processing Unit) lui est donc très favorable. Initialement, un GPU est un processeur graphique conçu pour faire des calculs intensifs pour l'affichage puis sa fonction a évolué. En effet, la technologie CUDA, (Compute Unified Device Architecture) développée par Nvidia, a permis de décupler les performances de calculs mathématiques complexes en parallélisant le traitement des différentes tâches. Au cours de nos études, nous aurons à disposition un GPU Nvidia Tesla C1060. Ses 240 coeurs cadencés à 1.3 GHz associés à 4 Go de GDDR3 lui permettent d'accélérer considérablement les temps de calcul de structures dont le maillage peut atteindre jusqu'à 40 millions de cellules. Le côté matériel mis à part, un système d'exploitation 64 bits est fortement recommandé.

1. Évaluation des simulateurs électromagnétiques pour la simulation des liens MGH

1.2. Présentation du véhicule de test

Dans la partie qui suit, nous allons comparer les résultats obtenus par différents logiciels pour des configurations de pistes identiques. Ces pistes sont issues du véhicule de test conçu à THALES, appelé "VTIS 2009". Ce dernier est composé de 12 couches (figure 1.3) et comporte uniquement des pistes et des connecteurs SMA. Les plans de masse se trouvent sur les couches 4, 5, 8 et 9. Le VTIS 2009 nous permettra de comparer simplement les simulations aux mesures. Deux configurations sont étudiées à travers deux paires différentielles, DTOP et DREF (figure 1.4).

Subclass Name	Type	Material	Thickness (MM)
	SURFACE	AIR	
TOP	CONDUCTOR	COPPER	0.039
	DIELECTRIC	FR-4	0.081
INT2	CONDUCTOR	COPPER	0.04
	DIELECTRIC	FR-4	0.08
INT3	CONDUCTOR	COPPER	0.039
	DIELECTRIC	FR-4	0.201
INT4	PLANE	COPPER	0.032
	DIELECTRIC	FR-4	0.186
INT5	PLANE	COPPER	0.032
	DIELECTRIC	FR-4	0.197
INT6	CONDUCTOR	COPPER	0.015
	DIELECTRIC	FR-4	0.185
INT7	CONDUCTOR	COPPER	0.015
	DIELECTRIC	FR-4	0.202
INT8	PLANE	COPPER	0.031
	DIELECTRIC	FR-4	0.185
INT9	PLANE	COPPER	0.031
	DIELECTRIC	FR-4	0.209
INT10	CONDUCTOR	COPPER	0.037
	DIELECTRIC	FR-4	0.08
INT11	CONDUCTOR	COPPER	0.04
	DIELECTRIC	FR-4	0.081
BOTTOM	CONDUCTOR	COPPER	0.039
	SURFACE	AIR	

FIGURE 1.3.: Stackup du VTIS 2009

1. Évaluation des simulateurs électromagnétiques pour la simulation des liens MGH

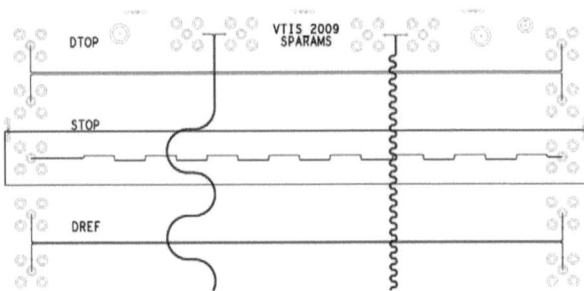

FIGURE 1.4.: Vue de dessus de l'implantation des pistes DREF et DTOP

1.2.1. Ligne DTOP

DTOP est une paire différentielle en microstrip sur le TOP du véhicule de test (figure 1.5). Cette ligne, d'environ 13 cm de long, est dépourvue de via et de rupture du plan de masse. Les connecteurs SMA nécessaires à la mesure ont été placés en BOTTOM de la carte, de façon à minimiser le stub. La largeur des pistes "w" est égale à $120\mu m$ tandis que l'espacement "s" entre chaque brin de la paire différentielle est égal à $300\mu m$ permettant d'atteindre une impédance différentielle proche de 100 Ohms.

Étant donné la simplicité de la topologie, les résultats issus de chacun des solveurs sont similaires. Cependant, la mesure donne un résultat très différent dont la cause peut être la présence des connecteurs SMA et/ou une mauvaise modélisation de la ligne en fonction de la fréquence (figure 1.7). La ligne DREF est une ligne plus complexe qui va nous permettre d'évaluer l'évolution de ces résultats.

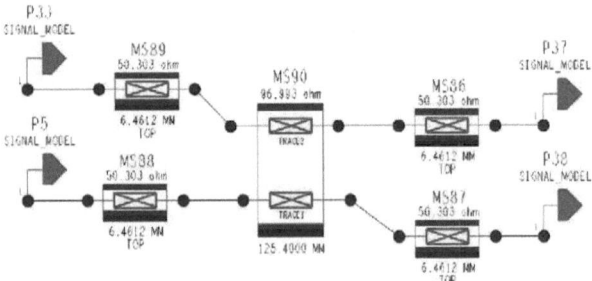

FIGURE 1.5.: Topologie de la ligne DTOP vue dans Allegro

1. Évaluation des simulateurs électromagnétiques pour la simulation des liens MGH

1.2.2. Ligne DREF

DREF est une paire différentielle en stripline couche 6 (INT6) dont les extrémités se trouvent en TOP (présence de deux niveaux de microvias et d'un microvia enterré allant de la couche 3 à la couche 10). Il y a donc un effet de stub entre les couches 6 et 10 dû au via enterré (figure 1.6).

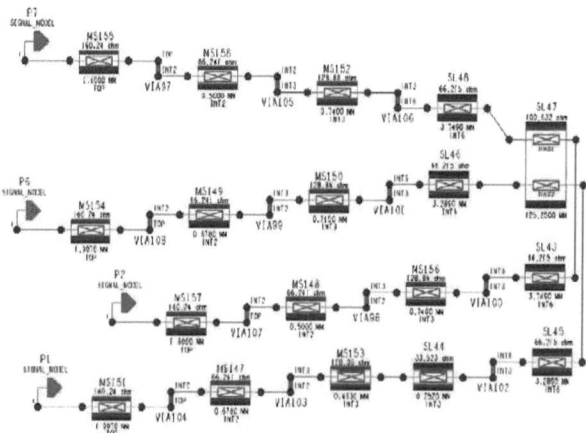

FIGURE 1.6.: Topologie de la ligne DREF vue dans Allegro

1.3. Cadence Allegro

Allegro SI 16.3 propose deux solveurs dans l'environnement SigXplorer : BEM2D et EMS2D. BEM2D utilise des méthodes de caractérisation statique et quasi-statique ne permettant pas de prendre en compte les phénomènes apparaissant en haute fréquence (dispersion du signal, résonances, ...). De plus, les pertes ohmiques sont calculées par des formules simples ou des équations empiriques. EMS2D est une solution mixant les méthodes statiques, quasi-statiques et full-wave (FEM). En théorie, il est donc capable de calculer les interactions entre les champs électromagnétiques avec une bonne précision. Nous verrons que ce n'est pas vrai dans la pratique. Outre le choix des solveurs, Allegro SI nous propose également différents réglages concernant la résolution des modèles des vias, qu'ils soient couplés ou non. Trois options de génération des modèles sont disponibles :

– Closed Form : génère un simple modèle RC non dépendant de la fréquence.

1. Évaluation des simulateurs électromagnétiques pour la simulation des liens MGH

- Detailed Closed Form : cherche un modèle dans la librairie et en crée un s'il n'en trouve pas.
- Analytical Solution : génère des modèles de vias aux formats «S Parameter Circuit», «Wide Band Equivalent Circuit» et «Narrow Band Equivalent Circuit». Le format représentant les vias les plus précis est S Parameter, suivi du format Wide Band. Le «Narrow Band Equivalent Circuit» crée un modèle précis de via au voisinage de la fréquence cible choisie par l'utilisateur. Si celle-ci est trop faible, les effets à hautes fréquences tels que les pertes diélectriques et l'effet de peau ne seront pas pris en compte. C'est donc le format offrant le moins de précision pour le calcul de vias.

1.3.1. Ligne DTOP

Comme l'illustre la figure 1.7, nous avons constaté que pour une même structure, BEM2D et EMS2D donnent des résultats très similaires et qu'une modification de la finesse de maillage «Shape Mesh Size» de 50 mil à 10 mil ou du «Mesh Order» passant de 1 à 3 n'a que très peu d'impact sur les résultats alors que le temps de calcul est trois fois plus long.

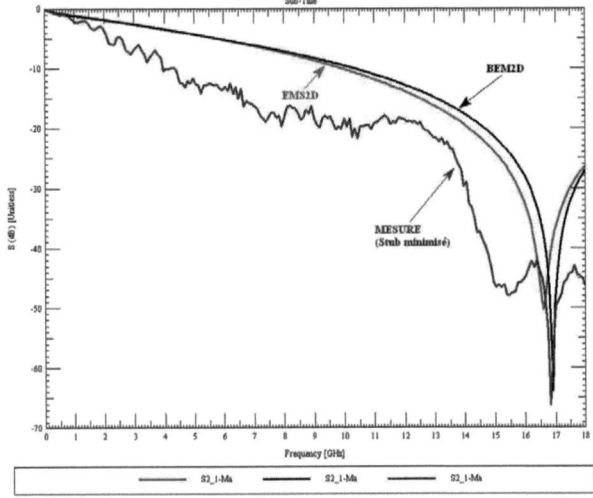

FIGURE 1.7.: Paramètres S_{21} de BEM2D / EMS2D / Mesure (ligne DTOP)

1.3.2. Ligne DREF

La figure 1.8 compare deux types de modélisations de vias : le format Wide Band et le format S Parameter, tous les deux couplés au solveur EMS2D. Ce dernier étant 2D, les connecteurs SMA nécessaires à la mesure ne sont pas pris en compte dans la simulation. Nous remarquons que les simulations avec les vias au format S-Parameter sont plus proches de la courbe obtenue par la mesure que celle en Wide Band.

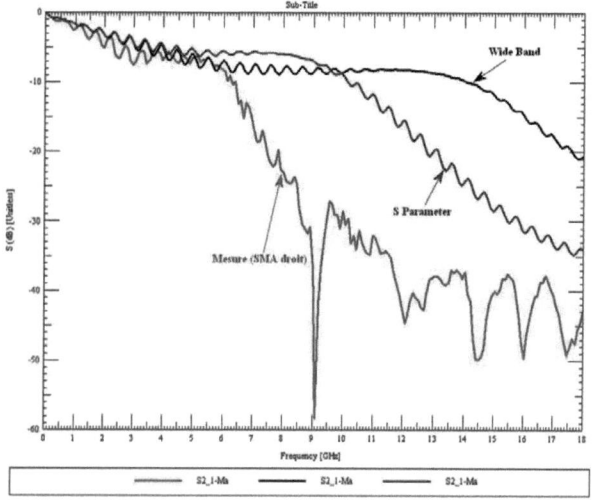

FIGURE 1.8.: Paramètres S_{21} de EMS2D (2 types de modélisation des vias) / Mesure (ligne DREF)

Afin de connaître la cause de la disparité des résultats des simulations et des mesures, nous devons passer par un solveur plus précis, 3D Full-wave. Celui-ci nous indiquera si les connecteurs SMA sont l'unique cause de cette disparité ou si les modèles de pistes et de vias d'Allegro sont trop simples pour notre application.

1.4. Agilent EMPro

La nécessité d'un solveur 3D Full-wave afin de modéliser rigoureusement les connecteurs SMA et les vias a été démontrée. Le premier logiciel a avoir été évalué est EMPro 2009 de la société Agilent associé au moteur FEM adapté à la modélisation de géométries 3D de types connecteurs ou vias. Une utilisation couplée de EMPro et d'Allegro sera présentée.

1. Évaluation des simulateurs électromagnétiques pour la simulation des liens MGH

1.4.1. Ligne DTOP

Reprenons la topologie de la paire différentielle DTOP décrite précédemment. Comme le montre la figure 1.9, un connecteur SMA a été modélisé tel qu'il est implanté dans son environnement afin de prendre en compte correctement l'effet stub. Les matériaux et les conditions aux limites doivent être correctement définis afin d'obtenir les résultats les plus précis possibles. Les performances du PC utilisées étant très limitées pour ce type de calcul (OS 64 bits, Core 2 Duo, 8 Go de RAM), il faut que la taille de la structure soit suffisamment importante pour être la plus réaliste possible tout en la limitant afin de ne pas saturer le PC et/ou allonger significativement le temps de calcul.

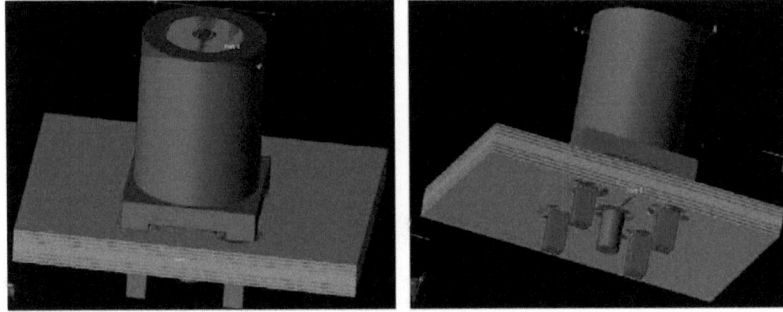

FIGURE 1.9.: Modélisation du connecteur SMA dans EMPro

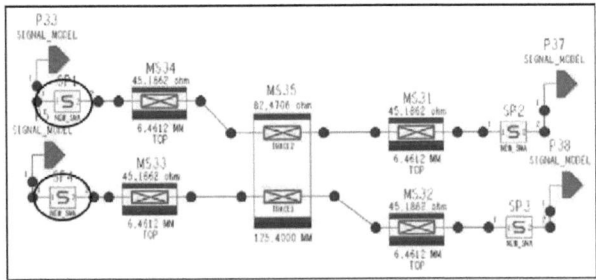

FIGURE 1.10.: Couplage du connecteur SMA avec la ligne DTOP dans Allegro

Le calcul du connecteur SMA étant terminé (environ 2h), les résultats sont exportés au format Touchstone puis convertis au format DML compatible avec SigXplorer (Allegro). Le modèle est alors chaîné à chaque port de la paire différentielle DTOP (figure 1.10). Les résultats obtenus montrent une très bonne corrélation avec la mesure jusqu'à 15 GHz

1. Évaluation des simulateurs électromagnétiques pour la simulation des liens MGH

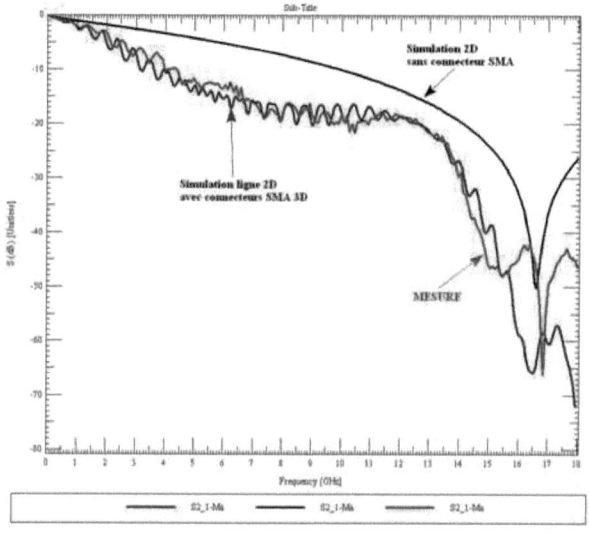

FIGURE 1.11.: Comparaison des simulations avec et sans connecteur(s) SMA (DTOP)

(figure 1.11). Nous pouvons donc dire que la précision de SigXplorer est suffisante pour modéliser des lignes simples mais avant de conclure sur l'usage de ce logiciel, voyons ses capacités sur une piste plus complexe telle que DREF.

1.4.2. Ligne DREF

Pour savoir si SigXplorer n'offre pas une bonne corrélation avec la mesure à cause de la présence des vias et/ou des connecteurs, l'étude est réalisée en deux temps. Tout d'abord, le modèle du connecteur est chaîné à la ligne DREF extraite dans Allegro comme nous l'avons fait avec la ligne DTOP. Dans un deuxième temps, le connecteur ainsi que les vias sont modélisés en 3D avec EMPro (figure 1.12) puis concaténés avec les pistes 2D issues de SigXplorer.

La figure 1.13 montre que lorsque les vias sont modélisés et simulés en 3D avec EMPro, le résultat est plus proche de la mesure qu'avec des vias calculés par SigXplorer. Cela signifie que cet outil n'est pas adapté à l'étude de liens MGH. Un simulateur 3D rigoureux est donc nécessaire.

1. Évaluation des simulateurs électromagnétiques pour la simulation des liens MGH

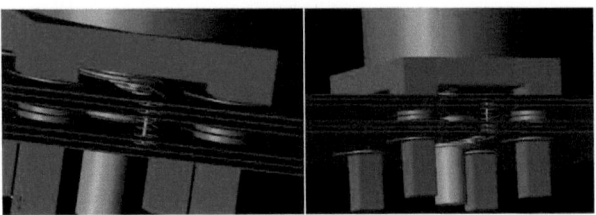

FIGURE 1.12.: Modélisation 3D du connecteur et des vias pour la ligne DREF

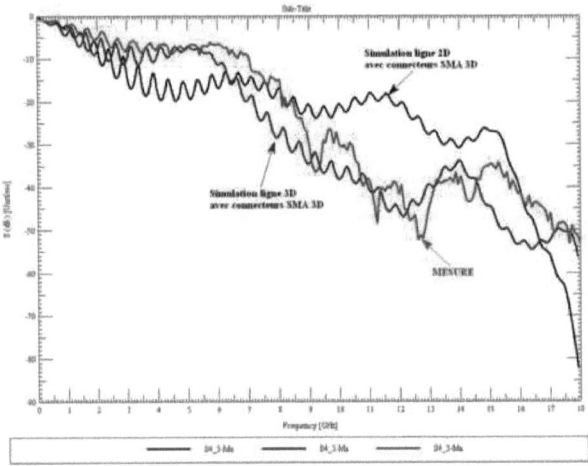

FIGURE 1.13.: Comparaison des paramètres S_{21} mesurés et simulés avec des modèles de vias 2D et 3D (DREF)

La méthode des éléments finis a été utilisée pour simuler le connecteur SMA mais à cause des performances actuelles des PC, elle n'est pas adaptée à la modélisation du canal complet des liens MGH pour deux raisons principales :

– Étant donné la large bande de fréquence à étudier, le nombre de points à calculer est très important.
– La complexité et la densité de la carte associées à une fréquence maximale à couvrir impliquent un maillage très fin donc une grande quantité de mémoire RAM.

Nous avons donc décidé de poursuivre l'évaluation des logiciels électromagnétiques 3D

1. Évaluation des simulateurs électromagnétiques pour la simulation des liens MGH

avec une méthode temporelle type FDTD moins gourmande en mémoire grâce à ses calculs itératifs.

1.5. CST Microwave Studio

Nous voulons modéliser et simuler une paire différentielle complète en incluant les connecteurs SMA à l'aide de CST Microwave Studio. Le besoin d'un simulateur 3D gourmand en ressources matérielles ayant été démontré, une machine plus puissante a été livrée. Les simulations qui suivent ont été réalisées avec cette configuration :

- OS : Windows XP 64 bits
- RAM : 12 Go DDR3 1600 MHz
- CPU : 2xXeon E5530 2.4 GHz pour un total de 8 coeurs.
- Disque dur 15000 tr/min

Nous nous sommes rapidement aperçus que malgré la puissance du PC, le temps de simulation pour la ligne complète (figure 1.14) était très important, de l'ordre d'une trentaine d'heures suivant la topologie. Nous avons donc décidé de "segmenter" et de simuler la structure en plusieurs blocs (figure 1.15). Cette opération n'est pas triviale car il ne faut pas qu'il y ait trop de matière autour des pistes à extraire sous peine d'alourdir le maillage mais, s'il y a trop peu de matière, alors les résultats seront erronés du fait de l'apparition de certains phénomènes (effets de bord, réflexion, etc). L'imprécision sera d'autant plus forte si les conditions aux limites ne sont pas correctement définies. La paire différentielle DREF est sécable en 7 parties mais certaines étant identiques, 4 blocs seulement sont simulés par Microwave Studio. Ces blocs n'ont plus qu'à être chaînés dans l'outil circuit de CST (Design Studio) afin de retrouver les 7 segments de DREF. Cette méthode de segmentation est moins précise que de prendre la géométrie dans sa globalité mais elle a permis de diviser le temps de calcul par trois environ. Les résultats obtenus pour DTOP et DREF sont représentés, respectivement sur les figures 1.16 et 1.17. Nous voyons qu'il existe un décalage fréquentiel entre la courbe de CST et celle de la mesure pour la ligne DTOP et que le paramètre S_{21} donné par CST pour DREF s'éloigne de celui de la mesure. Après de nombreuses investigations mettant en cause les définitions des caractéristiques des matériaux utilisés (plus spécifiquement le FR4), de la qualité du maillage et des critères de convergence, nous nous sommes aperçus que la divergence des résultats provenaient du fait que les pistes étaient segmentées.

FIGURE 1.14.: Modélisation de la ligne complète DTOP dans Microwave Studio

L'impératif de simuler une ligne complète a nécessité l'augmentation des performances du PC décrit ci-dessus en lui ajoutant un GPU. Les résultats obtenus (figures 1.18 et

1. Évaluation des simulateurs électromagnétiques pour la simulation des liens MGH

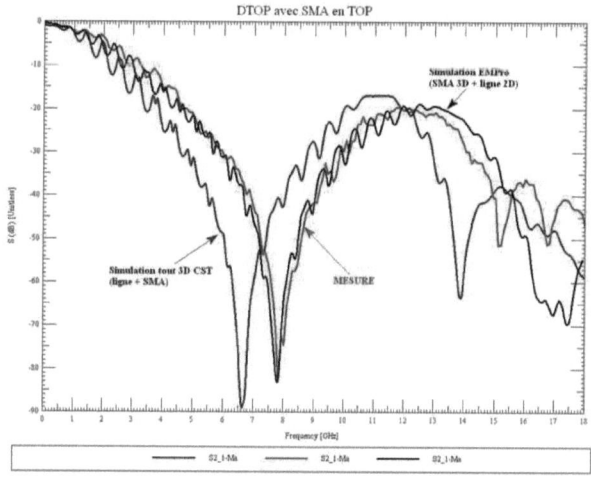

FIGURE 1.15.: Segmentation de la ligne DREF pour optimiser le temps de calcul

FIGURE 1.16.: Paramètres S_{21} obtenus avec CST lorsque la ligne DTOP est segmentée

1.19) montrent clairement que plus la structure est prise dans sa globalité plus le facteur d'erreur diminue. Malgré la présence du GPU, le temps de calcul reste important. Par exemple, concernant la ligne DREF, nous passons de 40h sans GPU à 5h avec GPU pour

1. Évaluation des simulateurs électromagnétiques pour la simulation des liens MGH

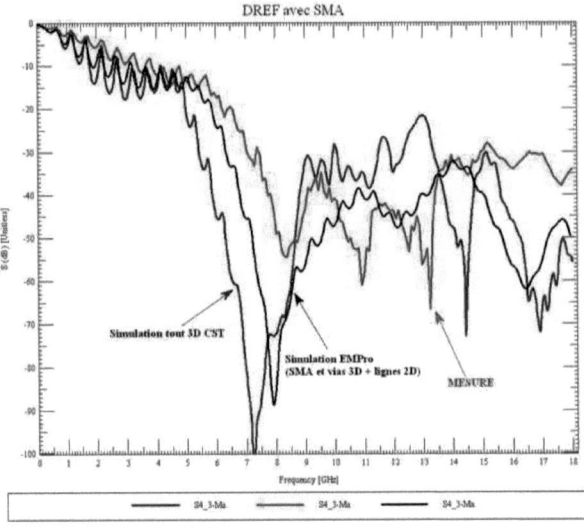

FIGURE 1.17.: Paramètres S_{21} obtenus avec CST lorsque la ligne DREF est segmentée

un maillage à 8 millions de cellules. Cela semble inconcevable si nous considérons que plusieurs paires différentielles ainsi que leurs agresseurs respectifs doivent être calculés, nous arrivons rapidement à devoir prendre en compte la moitié de la carte. Le dernier logiciel évalué est donc un outil dédié carte.

1. Évaluation des simulateurs électromagnétiques pour la simulation des liens MGH

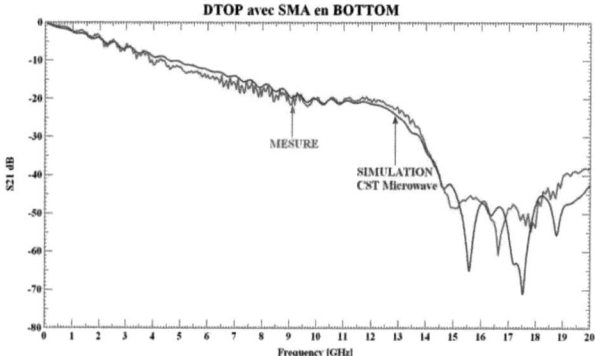

FIGURE 1.18.: Paramètres S obtenus avec CST lorsque la ligne DTOP est prise dans sa globalité

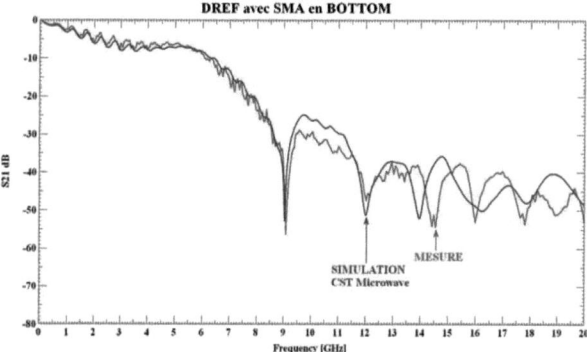

FIGURE 1.19.: Paramètres S obtenus avec CST lorsque la ligne DREF est prise dans sa globalité

1.6. ANSYS SIwave, comparaison avec Microwave Studio

SIwave est un outil très intéressant puisqu'il optimise le temps de calcul tout en conservant une bonne précision grâce à une hybridation intelligente de différentes technologies de simulateurs. Nous trouvons donc :

- 2D FEM pour les plans

1. Évaluation des simulateurs électromagnétiques pour la simulation des liens MGH

- MoM pour les pistes
- 3D quasi-statique pour les vias et les billes de soudure (BGA)

Ces méthodes de résolution nous indiquent directement les deux principaux défauts de SIwave : les connecteurs ne peuvent pas être modélisés et il n'est pas possible d'obtenir la cartographie des champs électromagnétiques entre les couches ce qui peut poser des soucis dans les problématiques de couplages. Nous reviendrons sur ce dernier point dans la suite. Le logiciel CST étant bien calibré, il peut servir de référence pour s'assurer de la validité des résultats donnés par SIwave. L'hybridation des solveurs permet la simulation de carte complète dans SIwave contrairement à CST Microwave où seule la paire différentielle a été importée. Pour extraire les paramètres S d'un canal dans SIwave, deux modes de calcul s'offrent à nous : le mode "Discrete" et le mode "Interpolating Sweep". Le premier mode calcule tous les points de fréquence définis par l'utilisateur tandis que le deuxième mode calcule différents points de la bande en affinant là où se trouvent les variations les plus importantes. Le calcul converge lorsque la différence entre la matrice S calculée à l'instant N et la matrice calculée à l'instant N-1 est inférieure à la cible ou lorsque le nombre maximal de points est atteint. Ces deux critères de convergence sont définis par l'utilisateur.

1.6.1. Ligne DTOP

Concernant DTOP, la corrélation entre les 2 outils est très bonne puisqu'il y a un écart de seulement 0.7 dB à 3 GHz et un décalage fréquentiel de 300 MHz visible autour de 15 GHz (figure 1.20). Cependant, les temps de mise en données et de calcul sont très à l'avantage de SIwave comme le montre le tableau 1.21 (Remarque : le temps de mise en données comprend l'import de la géométrie et des composants passifs, le placement des ports, la vérification de la géométrie et la création du maillage).

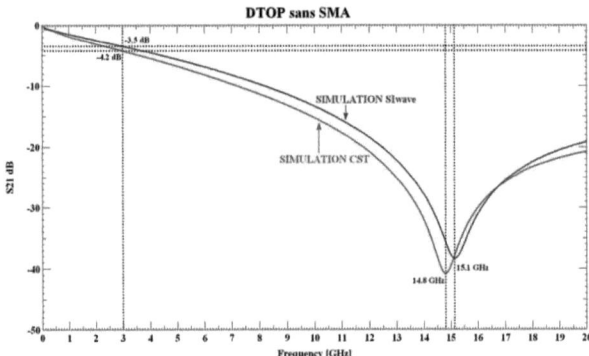

FIGURE 1.20.: Comparaison simulation CST / SIwave pour la ligne DTOP

1. Évaluation des simulateurs électromagnétiques pour la simulation des liens MGH

	CST Microwave Studio (2.6 millions de mailles)		SIwave (pic de RAM utilisée : 2.3 Go)	
	sans GPU	avec GPU	Discrete	Interpolating Sweep
Temps de mise en données	1h	-	5 min	5 min
Temps de calcul	13h	-	50 min	17 min
Temps total	14h	-	55 min	22 min

FIGURE 1.21.: Comparaison des temps de calcul CST / SIwave pour la ligne DTOP

DTOP est une topologie très simple, il est donc logique que SIwave offre une bonne corrélation avec CST tout comme SigXplorer. Voyons sur la ligne DREF si SIwave a une réelle valeur ajoutée.

1.6.2. Ligne DREF

Les courbes présentées sur la figure 1.22 montrent que la corrélation entre SIwave et CST est très bonne compte tenu du niveau de précision demandé. Par contre, lorsque nous regardons les temps de mise en données et de calcul de chacun des logiciels, l'avantage est largement en faveur de SIwave (tableau 1.23). Sa méthode de résolution hybride associée à une ergonomie exemplaire font que cet outil s'impose en offrant le meilleur compromis précision des résultats / temps de simulation / facilité d'utilisation.

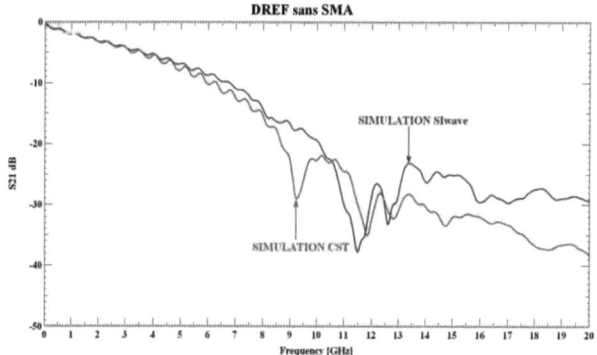

FIGURE 1.22.: Comparaison simulation CST / SIwave pour la ligne DREF

1. Évaluation des simulateurs électromagnétiques pour la simulation des liens MGH

	CST Microwave Studio (6.7 millions de mailles)		SIwave (pic de RAM utilisé : 2.4 Go)	
	sans GPU	avec GPU	Discrete	Interpolating Sweep
Temps de mise en données	1h	1h	5 min	5 min
Temps de calcul	40h (-60dB)	4h15	50 min	30 min
Temps total	41h	5h15	55 min	35 min

FIGURE 1.23.: Comparaison des temps de calcul CST / SIwave pour la ligne DTOP

1.7. Conclusion

Cette partie montre que SIwave offre le meilleur compromis temps/précision et est capable de prendre en compte une carte complète avec un PC aux performances raisonnables. Cependant, nous verrons par la suite que dans certains cas particuliers, l'hybridation des méthodes de calcul limite la précision des résultats. Il sera alors nécessaire d'identifier ces limitations afin de sous-traiter les parties problématiques de la carte avec des moteurs de calcul 3D full-wave.

2. Caractéristiques du canal MGH

Il existe depuis des années de nombreuses publications concernant la conception de produits RF et/ou hyperfréquences que nous pourrions appliquer simplement aux cartes numériques. Cependant, ces dernières sont tellement denses qu'il devient très difficile d'appliquer les règles de conception RF/Hyper telles quelles. L'objectif de cette partie consiste à comprendre les problématiques auxquelles nous sommes confrontés lors de la conception de cartes numériques HDI (High Density of Interconnects). Cela permettra de trouver un outil d'extraction des paramètres S précis et efficace. Cela est une étape importante car les résultats obtenus influeront directement sur le calcul de la qualité du signal. Si l'outil est suffisamment précis, des règles de design pourront être définies de façon à obtenir un signal "bon" sans faire de la sur-qualité. Un bon compromis entre le temps de modélisation/calcul et la précision reste recherché.

2.1. Les pertes

Les pertes peuvent être un facteur de dégradation du signal très important. Nous avons abordé dans le chapitre 4.3 l'origine des pertes dans les pistes et les modèles existants. Il faut s'assurer que leur calcul est correctement pris en compte par l'outil d'extraction des paramètres S. Comme le montre la figure 2.1, dans le cas d'une piste stripline de 40 inch de long, les pertes du conducteur sont les plus significatives lorsque la fréquence est inférieure à 1 GHz. Au-delà de cette fréquence, ce sont les pertes du diélectrique qui deviennent majoritaires.

Les pertes étant fonction de la fréquence, plus le débit sera important et donc la fréquence du fondamental élevé, plus ce dernier sera atténué. Cela explique la difficulté de mise en place de liens MGH sur de longues distances. Il existe différentes façons de limiter l'impact des pertes sur la transmission d'un signal MGH :

- Réduire la longueur des pistes en rapprochant les composants. Cette étape doit être prise en compte très tôt lors de la conception au risque de devoir refaire tout le placement/routage.
- Augmenter la largeur des pistes. Cependant, le gain reste assez négligeable car en faisant cela, seules les pertes liées au conducteur, majoritaires dans les fréquences inférieures au gigahertz pour nos applications, diminuent. De plus, cela limiterait la densité d'intégration.
- Choisir des diélectriques moins dégradants. En effet, opter pour des matériaux tel que le RO4350 en lieu et place du FR4 serait très avantageux mais également beaucoup

2. Caractéristiques du canal MGH

plus coûteux.
- Utiliser les processus de pré-accentuation et d'égalisation internes aux composants MGH. Ceux-ci ont l'avantage de ne rien coûter et d'être paramétré indépendamment du placement/routage.

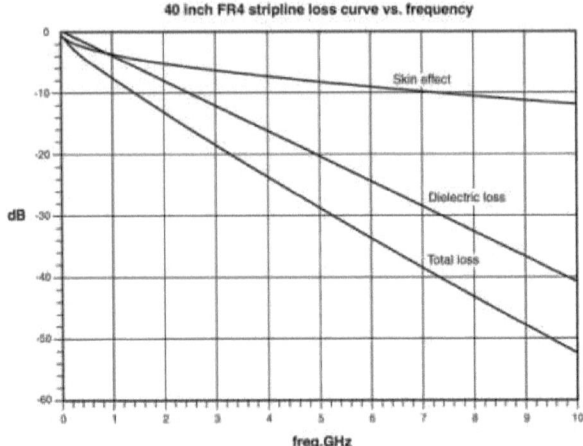

FIGURE 2.1.: Pertes en fonction de la fréquence

De ces solutions, seules la réduction de la longueur des pistes et l'utilisation de pré-accentuation et d'égalisation sont envisagées pour l'instant. La mise en oeuvre de débits de plus en plus élevés mettent cependant en évidence le limites du FR4 pour les liaisons MGH. Il est donc nécessaire de pouvoir le caractériser de façon précise de façon à améliorer la précision des résultats que l'on peut obtenir en simulation.

2.2. Essais sur la caractérisation du FR4

2.2.1. Introduction

L'impact des pertes sur la qualité du signal est en partie dû aux matériaux employés. Les caractéristiques du diélectrique étant les plus significatives en haute fréquence, il est important de connaître précisément ces dernières. La permittivité et la tangente de pertes sont généralement fournies par les fabricants des matériaux, il est rare d'avoir des données pour plusieurs points de fréquence et elles sont souvent limitées à 1 voir 2 GHz. Le but de cette étude est donc de vérifier et de compléter les données des fabricants entre 200 MHz et 30 GHz.

2. Caractéristiques du canal MGH

2.2.2. Méthodologie adoptée

Il existe plusieurs façons de caractériser un matériau en fonction de son état (solide, liquide, ...), de ses pertes tangentielles et de sa taille [26][27][28]. Notre cahier des charges nous a poussé à utiliser la méthode des résonateurs [29]. Ces derniers étant implantés sur un PCB, nous pourrons travailler sur une configuration représentative des cartes THALES, que ce soit sur l'aspect multi-couche ou sur l'épaisseur des couches (figure 2.2). Les dimensions des filtres étant liées aux longueurs d'ondes, nous avons dû trouver une structure de filtre qui ne soit pas trop consommatrice de surface sur le PCB. La structure retenue, composée de deux résonateurs, est celle présentée sur la figure 2.3. Cette structure a été dimensionnée pour plusieurs points de fréquences (0.2, 0.5, 1, 2, 5, 10, 20 et 30 GHz) et implantée à la fois en microstrip, en microstrip enterrée et en stripline afin de caractériser les pré-imprégnés et les stratifiés du fabricant Hitachi Chemical.

Théorique (Hitachi)	AIR
56µm / 56µm	2*#106 Prepreg
56µm / 56µm	2*#106 Prepreg
78µm / 78µm	2*#1080 Prepreg
200µm	2*#2116 Laminate
120µm / 120µm	2*#2116 Prepreg
200µm	2*#2116 Laminate
120µm / 120µm	2*#2116 Prepreg
200µm	2*#2116 Laminate
78µm / 78µm	2*#1080 Prepreg
56µm / 56µm	2*#106 Prepreg
56µm / 56µm	2*#106 Prepreg
	AIR

FIGURE 2.2.: Stackup choisi pour l'implantation des filtres

$\lambda/4$ $\lambda/4$ $\lambda/4$

FIGURE 2.3.: Topologie du filtre retenue

2. Caractéristiques du canal MGH

La méthodologie est donc la suivante :

1) Dimensionnement des filtres et vérification de leur fréquence de résonance par simulation à l'aide d'ADS Momentum. Les caractéristiques du FR4 utilisées sont celles données par Hitachi (table 2.1).

Filtres		200 MHz	500 MHz	1 GHz	2 GHz	5 GHz	10 GHz	20 GHz
Hitachi	AIR/#106	3.01	2.96	2.3	2.77	2.75	2.73	2.75
	#106/#106	3.87	3.82	3.78	3.53	3.49	3.45	3.42
	#106/#1080	3.97	3.92	3.88	3.63	3.59	3.55	3.52
	#2116/#2116	4.39	4.34	4.3	4.05	4.01	3.97	3.94

TABLE 2.1.: Permittivités données par Hitachi en fonction de la fréquence et de la densité de tressage

2) Implantation des filtres, fabrication de la carte et mesures des filtres à l'aide d'un VNA. Nous comparons les fréquences de résonance des filtres simulés avec ceux mesurés (figure 2.4).

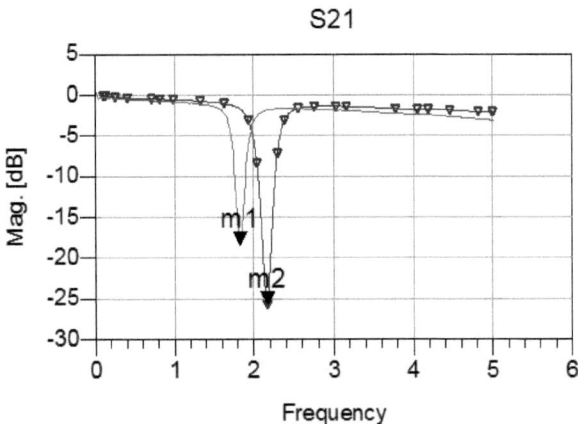

FIGURE 2.4.: Exemple du filtre 2 GHz implanté sur le TOP de la carte. Mesure ($f_0 \approx 1,8 GHz$) et simulation ($f_0 \approx 2,2 GHz$).

3) Après avoir remplacé l'épaisseur théorique des couches du stackup par leur épaisseur

2. Caractéristiques du canal MGH

réelle (le fabricant du PCB fourni le rapport de microsection) dans le logiciel de simulation, la permittivité est modifiée jusqu'à ce que la courbe simulée se superpose avec celle mesurée. Nous obtenons alors la permittivité effective réelle du matériau que nous comparons aux données d'Hitachi dans le tableau 2.2. Nous remarquons le bon niveau de corrélation obtenu pour les couches internes 106/1080 et 2116/2116 mais il existe une différence non négligeable sur les deux couches externes. Après de nombreuses vérifications, nous avons constaté que le fabricant du PCB avait ajouté des pastilles dites de "copper balancing" sur les couches externes pour pallier au manque de densité de la carte (figure 2.5). Le fait d'ajouter les milliers de pastilles à la main et la difficulté d'importer les fichiers fournis par le fabricant (GERBER) dans SIwave a mis en échec notre étude pour ces couches. Cependant la méthodologie est validée, et nous envisageons de refaire des essais avec des plans de remplissages pour les couches externes, sans nécessité de retouches de la part du fabriquant de PCB, et qui seront directement traités par le logiciel de simulation.

Filtres		200 MHz	500 MHz	1 GHz	2 GHz	5 GHz	10 GHz	20 GHz
Mesures (% erreur par rapport Hitachi)	AIR/#106	3.82 (+27%)	3.64 (+23%)	3.65 (+59%)	3.86 (+39%)	3.56 (+29%)	3.41 (+25%)	3.25 (+18%)
	#106/#106	4.55 (+18%)	4.18 (+9%)	4.52 (+20%)	4.34 (+23%)	4.48 (+28%)	4.11 (+19%)	4.27 (+25%)
	#106/#1080	3.98 (+0%)	3.96 (+1%)	4.01 (+3%)	3.89 (+7%)	3.82 (+6%)	3.86 (+9%)	3.73 (+6%)
	#2116/#2116	3.96 (-10%)	4.09 (-6%)	4.11 (-4%)	4.01 (-1%)	4.06 (+1%)	4.1 (+3%)	3.84 (-3%)

TABLE 2.2.: Comparaison des valeurs mesurées avec celles données par le fabricant Hitachi

FIGURE 2.5.: Présence de pastilles destinées à équilibrer le remplissage de cuivre sur les couches externes

4) Concernant la mesure de la tangente de pertes, la formule 2.1 a été utilisée.

$$tan(\delta) = \frac{\Delta f}{f_0} \tag{2.1}$$

Où f_0 est la fréquence de résonance et Δf est la différence des fréquences à -3 dB de part et d'autre du pic de résonance. Le tableau 2.3 montre une bonne corrélation entre

2. Caractéristiques du canal MGH

les données d'Hitachi et les mesures au delà de 2 GHz. La différence observée pour les fréquences plus basses est due au fait que nos mesures tiennent compte des pertes totales des filtres incluant les pertes du conducteur très grandes devant celles du diélectrique à ces fréquences. En soustrayant les pertes ohmiques aux pertes totales mesurées, le niveau de corrélation s'améliore mais reste mauvais (tableau 2.4). Nous pouvons faire l'hypothèse que la présence des pastilles introduit des couplages donc des pertes supplémentaires au niveau des mesures.

Filtres		200 MHz	500 MHz	1 GHz	2 GHz	5 GHz	10 GHz	20 GHz
tan(δ)	AIR/#106	0.148	0.084	0.035	0.027	0.025	0.02	0.019
Mesure (% erreur par rapport Hitachi)	#106/#106	0.141 (+654%)	0.08 (+319%)	0.033 (+67%)	0.034 (+42%)	0.027 (+11%)	0.024 (-3%)	0.023 (-9%)
	#106/#1080	0.145 (+710%)	0.081 (+443%)	0.035 (+84%)	0.032 (+39%)	0.026 (+10%)	0.025 (+4%)	0.022 (-10%)
	#2116/#2116	0.124 (+710)	0.074 (+484%)	0.033 (+106%)	0.028 (+40%)	0.023 (+12%)	0.022 (+5%)	0.02 (-7%)

TABLE 2.3.: Comparaison des tangentes de pertes mesurées avec celles données par Hitachi (avant correction)

Filtres		200 MHz	500 MHz	1 GHz	2 GHz	5 GHz	10 GHz	20 GHz
tan(δ)	AIR/#106	0,1209	0,0665	0,0231	0,0183	0,0197	0,0163	0,0164
Mesure (% erreur par rapport Hitachi)	#106/#106	0,0936 (+400%)	0,0494 (+159%)	0,0119 (-40%)	0,0191 (-20%)	0,0175 (-28%)	0,0175 (-30%)	0,0185 (-27%)
	#106/#1080	0,0538 (+200%)	0,0217 (+19%)	-0,0074 (–%)	0,0031 (–%)	0,0076 (-78%)	0,0128 (-47%)	0,0135 (-45%)
	#2116/#2116	0,0525 (+243%)	0,0277 (+81%)	0,0018 (–%)	0,0064 (–%)	0,0093 (-55%)	0,0123 (-41%)	0,0132 (-49%)

TABLE 2.4.: Comparaison des tangentes de pertes mesurées avec celles données par Hitachi (après correction)

2.2.3. Conclusion

Cette étude de caractérisation du FR4 nous a permis de mieux comprendre le comportement des matériaux utilisés et d'établir une technique de caractérisation qu'il sera possible de perfectionner dans le futur et d'adapter à d'autres matériaux de PCB. La conception de cette carte a également été l'occasion de valider les connecteurs SMP. Ces derniers permettent de minimiser la désadaptation entre le connecteur et la piste et sont donc peu intrusifs sur les mesures. Dans la suite des études, nous conserverons les caractéristiques du FR4 données par le fabricant (Hitachi).

2. Caractéristiques du canal MGH

2.3. Maîtrise des impédances

2.3.1. Dimensionnement des pistes

Dans le cas des liens MGH, il faut que les impédances de l'émetteur et du récepteur soient égales à l'impédance différentielle observée entre les canaux P et N. L'impédance différentielle maximale atteignable est égale à deux fois l'impédance caractéristique des lignes lorsque l'espacement entre ces dernières tend vers l'infini. Cependant, augmenter la distance entre chacune des lignes de la paire différentielle revient à diminuer leur couplage ainsi que la densité d'intégration. La figure 2.6 montre qu'il existe un compromis entre les pertes du conducteur, l'annulation du mode commun et la densité d'intégration permettant d'obtenir l'impédance différentielle souhaitée. Le meilleur compromis est obtenu lorsque l'espacement "s" entre les canaux P et N est inférieur ou égal à 2w, où "w" est la largeur des pistes.

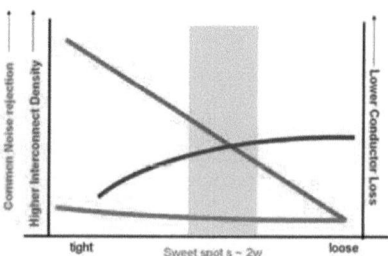

FIGURE 2.6.: Compromis sur l'espacement des canaux P et N

La géométrie des lignes peut être définie selon 3 cas :

- Optimisation des performances
- Épaisseur du diélectrique "H" imposée
- À finesse de gravure minimale donnée

Optimisation des performances

Pour obtenir les meilleures performances, il faut maximiser la largeur de la piste "w" afin de minimiser les pertes liées au conducteur ainsi que les variations de l'impédance caractéristique. En effet, la largeur de la piste doit être grande devant son épaisseur pour réduire l'impact de la forme trapézoïdale de la section des pistes. Cependant, il est nécessaire de conserver une impédance caractéristique de chaque conducteur de la paire différentielle proche de 45 ohms afin d'obtenir une impédance différentielle proche de 100 ohms pour s=2w. Pour réunir ces deux conditions, l'épaisseur du diélectrique "H" doit être la plus importante possible.

2. Caractéristiques du canal MGH

"H" imposée

Ce cas est celui que nous retrouverons le plus souvent sur les produits THALES. En effet, le stackup multicouche doit avoir une épaisseur standard de 1,6 mm. Cela a pour conséquence de limiter l'épaisseur de chaque couche.

Si la densité est un problème secondaire, "w" est choisi de façon à obtenir 50 ohms single-ended et "s"=2w. D'après les standards IPC-2251 et IPC-2221 [30][31], le bon compromis est de garder les impédances des pistes entre 45 et 60 ohms car plus l'impédance est grande, plus la self capacitance est faible et plus la self inductance est grande. Par conséquent, les interférences EM augmentent causant de la diaphonie. D'un autre côté, des impédances faibles permettent le transport de courant fort.

Si la surface de routage est limitée, il est possible de réduire "w". Dans ce cas, l'impédance caractéristique single-ended peut parfois atteindre 100 ohms et donc "s" sera inférieur 2w, proche de "w".

Finesse de gravure minimale

L'ensemble des éléments qui constitue un circuit, notamment les pistes et les vias, est régi par des normes [32]. Pour une classe donnée, la norme définie la largeur minimale des conducteurs, l'espacement minimum à respecter entre deux conducteurs mais également le diamètre des pastilles et des trous traversant ces pastilles. La densité de routage de la carte est donc limitée par sa classe.

2.3.2. Impédances : études diverses

Impact de l'impédance différentielle

Nous savons qu'un circuit est optimisé lorsque son impédance caractéristique est la même de bout en bout mais si les terminaisons des liens MGH sont égales à 100 ohms, il n'est pas toujours simple d'obtenir 100 ohms différentielles sur toute la longueur des canaux P et N. Nous pouvons donc nous demander dans quelle mesure ce type de désadaptation peut dégrader le signal.

Soit une paire différentielle d'une longueur de 200 mm en microstrip. L'impédance single-ended Z_c est égale à 65 ohms pour tous les cas (w = $400\mu m$, H = $300\mu m$). Trois impédances différentielles sont étudiées :

- Z_{diff} = 80 ohms lorsque s = 120 um
- Z_{diff} = 100 ohms lorsque s = 300 um
- Z_{diff} = 120 ohms lorsque s = 800 um

Les ouvertures des diagrammes de l'oeil obtenus sont présentées dans le tableau 2.5. Nous remarquons que plus l'impédance différentielle du lien MGH s'éloigne de 100 ohms,

2. Caractéristiques du canal MGH

plus les performances se dégradent mais l'impact reste limité.

Impédance différentielle	H (V)	V (ps)
80 ohms	0.701	155
100 ohms	0.722	156
120 ohms	0.703	155

TABLE 2.5.: Ouverture de l'oeil en fonction de l'impédance différentielle du lien MGH pour un débit de 6,25 Gbps

Impact de la largeur des pistes

Dans la partie précédente, l'impédance différentielle de 100 ohms était obtenue pour une impédance single-ended égale à 65 ohms (w=400 um, s=300 um). Une impédance différentielle 100 ohms peut également être atteinte pour $Z_c = 97$ ohms avec w=120 um et s=w. La diminution de l'encombrement est donc très nette. Les performances offertes par chacune de ces configurations sur une longueur de 200 mm sont montrées figure 2.7. Nous constatons que la réduction de la largeur de la piste détériore fortement la qualité de la transmission (-60 mV). Plus la longueur de la paire différentielle sera importante, plus ce phénomène s'amplifiera. Le choix de "w" va donc se faire suivant si la performance ou la densité est recherchée, sachant que les pertes pourront être corrigées par les processus de pré-accentuation et d'égalisation que nous détaillerons dans la suite.

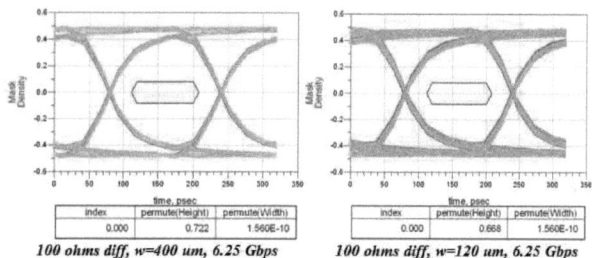

100 ohms diff, w=400 um, 6.25 Gbps   *100 ohms diff, w=120 um, 6.25 Gbps*

FIGURE 2.7.: Performance d'un lien MGH en fonction "w"

Impact de la variation de l'épaisseur du diélectrique

Lors de la conception d'une carte, la maitrise de l'impédance caractéristique est importante mais elle est calculée pour une épaisseur de diélectrique donnée. Or, les tolérances de fabrication impliquent une variation de l'épaisseur des couches de diélectrique. Nous souhaitons donc connaître l'impact de cette variation sur les impédances single-ended et

2. Caractéristiques du canal MGH

différentielles de trois configurations :

- Microstrip : w = 500 um, s = 300 um et H = 300 um au nominal
- Microstrip enterrée : w = 120 um, s = 2w et H1 = 160 um (au-dessus) et H2 = 140 um (en-dessous). H1 et H2 varient de 10, 30 ou 50% ensemble. L'impédance est plus sensible à des variations de H2 (plan de masse).
- Stripline symétrique : w = 120 um, s = 2w et H1 = H2 = 200 um.

Les tableaux 2.6, 2.7 et 2.8 présentent les résultats obtenus. Nous remarquons que l'impédance différentielle est moins sensible aux variations de l'épaisseur du diélectrique que l'impédance single-ended ce qui est un avantage pour les liens MGH. Les striplines et les microstrip enterrées sont plus sensibles que la microstrip car elles subissant la variation de 2 diélectriques (en-dessous et au-dessus de la piste). La présence d'un plan de masse supplémentaire en stripline renforce cet effet.

Un moyen simple et rapide de connaître la variation de l'impédance caractéristique single-ended en fonction de l'épaisseur du diélectrique est de diviser par 2 la tolérance de fabrication donnée en pourcentage et de la multiplier par la valeur nominale. Par exemple, pour Z_c=50 ohms, si la tolérance de fabrication est de 10% alors l'impédance caractéristique Z_c sera comprise entre 47.5 ohms (50*0.95) et 52.5 ohms (50*1.05).

Epaisseur diélectrique	Zc (Ohms)	Zdiff (Ohms)	Delta par rapport au nominal	
			Single-ended	Différentiel
nominale (H = 300 um)	59	93	0,0%	0,0%
-10% (H = 270 um)	56	90	5,1%	3,2%
-30% (H = 210 um)	50	84	15,3%	9,7%
-50% (H = 150 um)	44	76	25,4%	18,3%

TABLE 2.6.: Impact de la variation de l'épaisseur du diélectrique sur l'impédance d'une microstrip

Epaisseur diélectrique	Zc (Ohms)	Zdiff (Ohms)	Delta par rapport au nominal	
			Single-ended	Différentiel
nominale	59	93	0,0%	0,0%
-10%	56	90	5,1%	3,2%
-30%	50	82	15,3%	11,8%
-50%	42	70	28,8%	24,7%

TABLE 2.7.: Impact de la variation de l'épaisseur du diélectrique sur l'impédance d'une microstrip enterrée

2. Caractéristiques du canal MGH

Epaisseur diélectrique	Zc (Ohms)	Zdiff (Ohms)	Delta par rapport au nominal	
			Single-ended	Différentiel
nominale	53	90	0,0%	0,0%
-10%	50	87	5,7%	3,3%
-30%	44	78	17,0%	13,3%
-50%	36	64	32,1%	28,9%

TABLE 2.8.: Impact de la variation de l'épaisseur du diélectrique sur l'impédance d'une stripline

2.4. Autres sources de dégradation du signal

Outre les impédances caractéristiques et différentielles des pistes, ils existent de nombreuses autres sources de dégradation du canal de propagation. Les outils de simulation sélectionnés à l'issu de la thèse devront être capables de prendre en compte correctement les désadaptations d'impédance introduites par les différents phénomènes. Parmi ceux-ci, nous trouvons les vias, les plans de masse ou d'alimentation partiels ainsi que les points de test.

2.4.1. Les vias

Comme nous l'avons vu précédemment, les vias permettent de véhiculer les signaux d'une couche à une autre ou d'implanter des composants et des connecteurs. Leur utilisation est donc indispensable dans les PCB multicouches. Nous distinguons deux types de vias : les vias single-ended et les vias différentiels sachant que ce qui est applicable aux premiers l'est également aux seconds. La structure générale d'un via est présentée sur la figure 2.8. Le via est un trou métallisé percé dans le PCB. Les "pads" ou pastilles permettent son maintien mécanique dans le stackup et à connecter les pistes. Le "ground clearance" également appelé "anti-pad" est l'isolement entre le fût métallisé et les plans (de masse ou d'alimentation). Le stub est la partie du via se trouvant entre la piste et l'extrémité du via se terminant en circuit ouvert.

Les vias single-ended

Avec la montée des débits, le comportement des vias est de plus en plus étudié car leur impédance, proche de 30 ohms [33], introduit des discontinuités sur le canal de propagation. De ce fait, l'usage de solveurs électromagnétiques 3D full-wave est souvent recommandé pour leur calcul [34]. Les solveurs EM de dernière génération ont permis d'optimiser la structure des vias afin de rendre leur comportement le plus transparent possible sur les performances des liens MGH [5][35].

Suppression des pastilles inutilisées La règle de conception la plus simple à mettre en oeuvre consiste à supprimer les pastilles non fonctionnelles (Non Functional Pads, NFPs), c'est-à-dire les pastilles n'étant ni aux extrémités du via ni celles étant connectées à un signal [36].

2. Caractéristiques du canal MGH

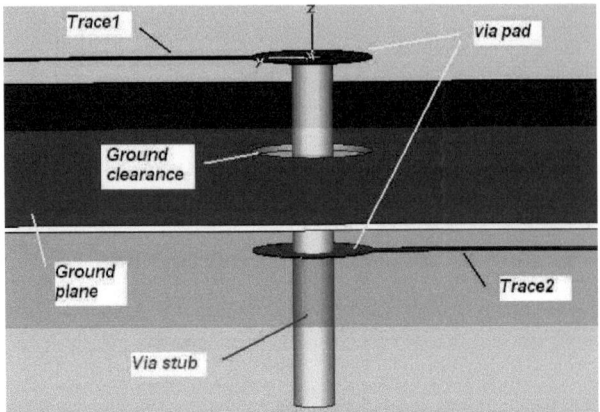

FIGURE 2.8.: Structure générale d'un via [5]

Les effets stub Comme évoqué précédemment, nous appelons "stub" un tronçon de ligne ou de via se terminant par un circuit ouvert. Pour un stub de longueur $l = \lambda/4$, les ondes de fréquences $f = v/\lambda = v/4l$ sont réfléchies en opposition de phase (λ est la longueur d'onde et v la vitesse de l'onde dans le milieu de propagation). A la sortie du stub, les ondes s'additionnent et donc s'annulent (figure 2.9), provoquant une transmission nulle à cette fréquence. Plus la longueur du stub est grande, plus le zéro de transmission agit sur les basses fréquences pouvant aller jusqu'à pénaliser les signaux dont le débit est inférieur à 5 Gbps. Comme le montre la figure 2.10, lorsqu'un connecteur SMA est connecté à une piste sur le TOP de la carte, le stub dégrade fortement les fréquences autour de 8 GHz. Une modification simple consistant à implanter le connecteur sur le BOTTOM de la carte diminue la longueur du stub de telle sorte que les performances sont considérablement améliorées. Dans certains cas, il suffit donc de changer de couches les signaux critiques pour diminuer l'impact du stub [37]. L'utilisation de microvias est également une autre alternative. Il existe d'autres solutions d'optimisation consistant à "backdriller" ou à terminer les vias traversants [6].

2. Caractéristiques du canal MGH

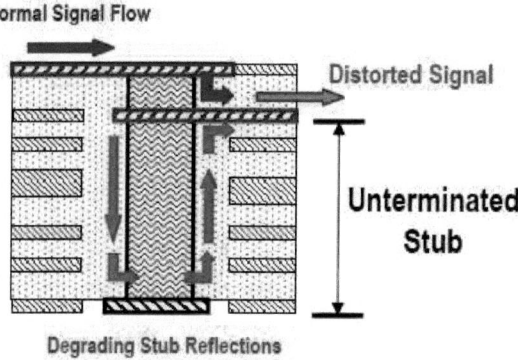

FIGURE 2.9.: Effet stub [6]

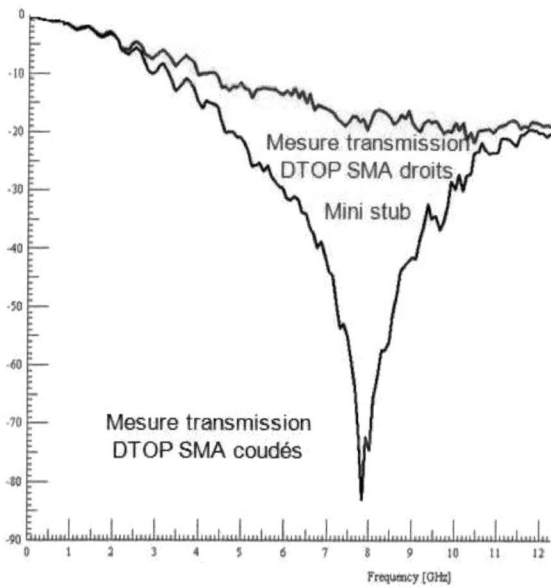

FIGURE 2.10.: Impact du stub d'un connecteur SMA sur les paramètres S_{21}. Courbe noire : SMA en TOP, courbe bleue : SMA en BOTTOM

2. Caractéristiques du canal MGH

Utilisation de vias de masse Outre les discontinuités d'impédance introduites par les vias, ces derniers sont également à l'origine de rayonnements EM, particulièrement lorsqu'ils se terminent par un circuit ouvert. Ces rayonnements EM peuvent induire de la diaphonie entre vias (les couplages entre vias et pistes sont négligeables). Pour pallier à ce problème, des vias connectés aux plans de masse sont implantés à proximité des vias de signal. En ajustant les dimensions de l'anti-pad et en plaçant les vias de masse judicieusement autour des vias de signal, il est possible d'adapter l'impédance de ces derniers. Cette méthode est appelée "coax-like" [33]. Les structures de la figure 2.11 ont été étudiées afin de connaître le gain de performance apporté par la méthode coax-like en fonction du nombre de vias de masse implantés autour d'un via enterré.

Les résultats de l'étude (figure 2.12) montrent que l'ajout de vias permettant le retour du courant à la masse améliore la transmission des signaux au-delà de 6 GHz. Cependant, ce gain de performance n'est pas visible sur les diagrammes de l'oeil pour les débits inférieurs à 6 Gbps. Les débits actuels atteignant plusieurs dizaines de Gbps imposeront certainement l'usage de ce type de structure.

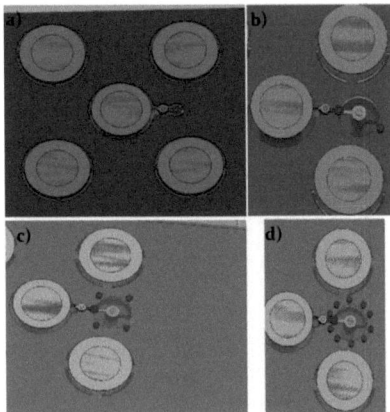

FIGURE 2.11.: a) Structure standard, b) Coax-like 1 via, c) Coax-like 4 vias, d) Coax-like 10 vias

2. Caractéristiques du canal MGH

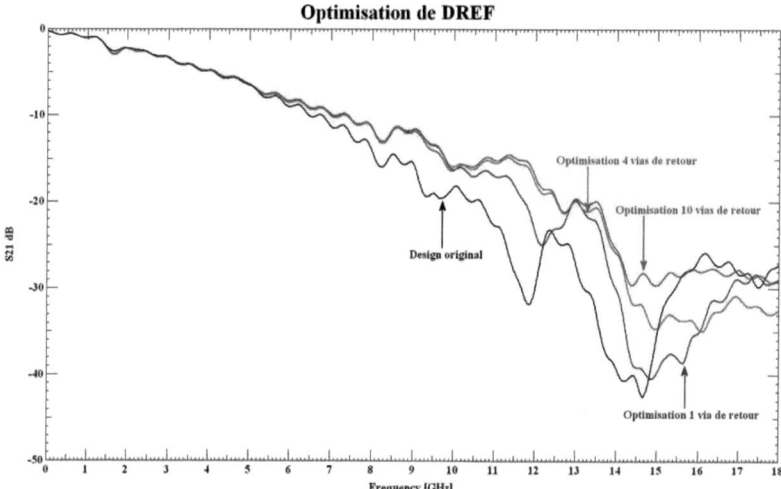

FIGURE 2.12.: Paramètres S_{21} des structures coax-like

Les vias différentiels

En ce qui concerne les liens MGH, des vias différentiels doivent être utilisés. Cela implique que les logiciels de simulation doivent prendre en compte les couplages et que l'impédance différentielle doit être maîtrisée. De nombreuses études de dimensionnement de ce type de structure ont été menées afin d'atteindre l'impédance différentielle souhaitée [38] ou de mettre en place un blindage efficace de type coax-like [39][40].

Étude de performance des vias stackés

La partie 1.3 a montré les avantages que procure l'utilisation de vias stackés d'un point de vue de l'augmentation de la densité des cartes. Cette technologie présentant moins de transitions qu'une technologie de vias classiques peut être une bonne alternative pour améliorer l'intégrité des signaux [41].

Prenons l'exemple d'une structure ayant trois niveaux de microvias et un via enterré dans un PCB 12 couches (figure 2.14). Les paramètres de transmission de la figure 2.15 montrent que les deux technologies sont équivalentes. Cependant, la structure stackée est plus facile à optimiser. En effet, le nombre de vias de masse utilisé est limité contribuant à l'augmentation de la densité (figure 2.16).

2. Caractéristiques du canal MGH

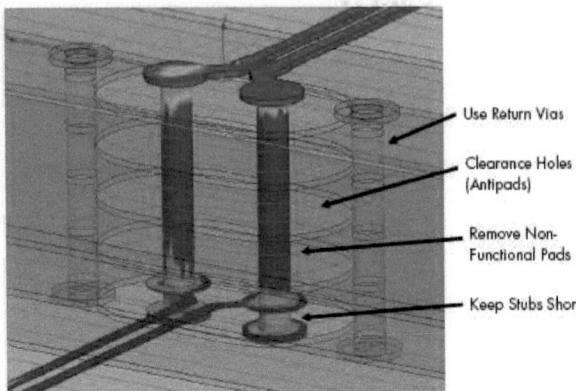

FIGURE 2.13.: Structure optimisée de vias différentiels

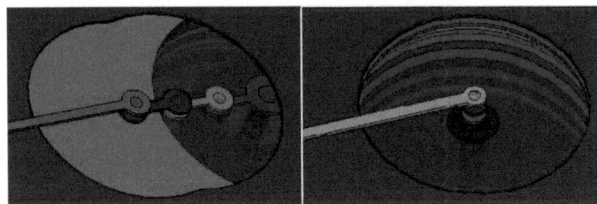

FIGURE 2.14.: Comparaison de deux technologies microvias. Classique à gauche, stackée à droite.

2.4.2. Les pastilles de test

Les pastilles de test sont implantées sur la quasi totalité des pistes des cartes conçues à THALES. Elles permettent de contrôler la continuité électrique des couches de cuivre afin de détecter les circuits ouverts et les court-circuits juste après la fabrication du PCB. Dans un deuxième temps, lorsque la carte est câblée, les pastilles de test apporteront une aide à la mesure des signaux de la carte afin de vérifier leur conformité et/ou de détecter une panne. Cependant, l'ajout de ces pastilles dont le diamètre se situe entre 0.6 et 0.9 mm introduit des discontinuités d'impédances. Lorsque les pastilles sont implantées sur la piste comme le montre la figure 2.17, l'impact de la désadaptation est minime. Une dégradation inférieure à 0.3 dB à 10 GHz est observée entre une piste sans pastille de test et une pastille avec une pastille de 0.6 mm de diamètre.

2. Caractéristiques du canal MGH

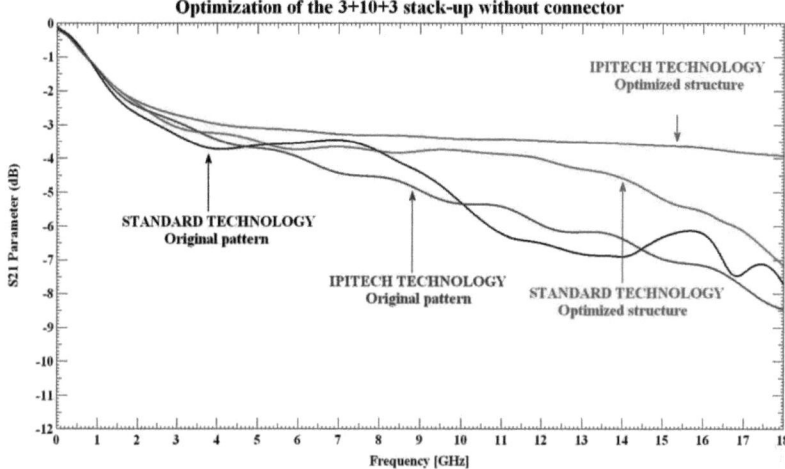

FIGURE 2.15.: Paramètres S_{21} des structures classiques et stackées avec ou sans via(s) de masse

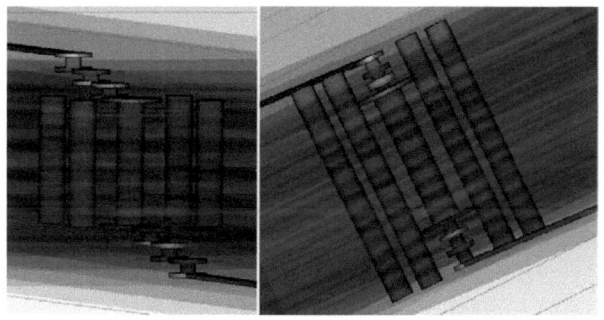

FIGURE 2.16.: Optimisation des structures par l'ajout de 4 vias de masse. Classique à gauche, stackée à droite.

2. Caractéristiques du canal MGH

Lorsque les pistes sont difficiles d'accès ou enterrées dans les couches, les pastilles de test doivent être déportées ou connectées à des vias. Cela crée de nouvelles discontinuités d'impédance, en particulier en présence de stubs de longueur importante. Une étude paramétrique sur le diamètre de la pastille et la longueur du stub a été menée sur la structure de la figure 2.18. Plus le diamètre de la pastille augmente, plus la désadaptation est importante et plus le stub est long, plus le pic d'anti-résonance se décale vers les basses fréquences. De même, plus la longueur du déport est importante, plus le stub dégrade les basses fréquences. La figure 2.19 met en évidence ces phénomènes. A chaque longueur de déport, les quatre pics d'anti-résonance correspondent à quatre diamètres de pastille. Le pic étant le plus bas en fréquence des quatre correspond à une pastille de 0.9 mm de diamètre. En diminuant le diamètre de la pastille par pas de 0.1 mm, les trois autres pics d'anti-résonance sont obtenus. Avec le déport et la pastille les plus grands, le pic d'anti-résonance se trouve autour de 7 GHz, montrant une nouvelle fois que l'impact des points de test est négligeable pour les débits inférieurs à 6 Gbps mais il faut faire attention au cumul des discontinuités d'impédance.

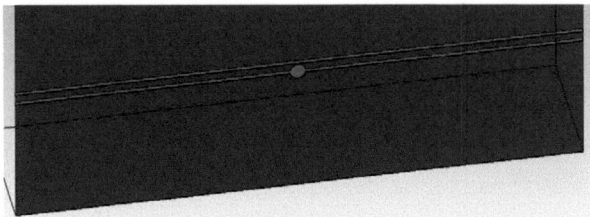

FIGURE 2.17.: Pastille de test de 0.6 mm de diamètre implantée sur une piste

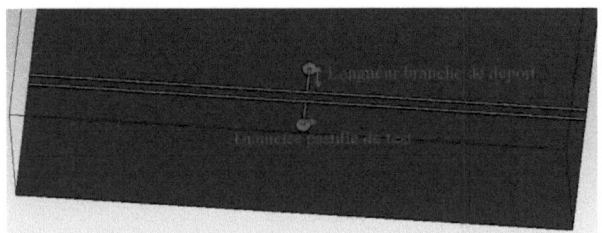

FIGURE 2.18.: Pastilles de test déportées des pistes

2. Caractéristiques du canal MGH

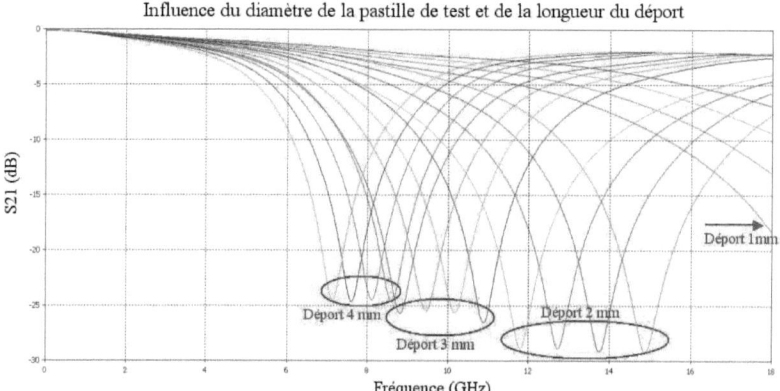

FIGURE 2.19.: Influence du diamètre de la pastille de test sur le paramètre S_{21}

2.4.3. Les plans incomplets

Dans le contexte de cartes denses, il arrive souvent que les pistes ne puissent pas être parfaitement adaptées sur toute leur longueur notamment à cause des plans partiels. D'un autre côté, il est possible d'adapter certains tronçons des pistes en supprimant ou en ajoutant localement des plans de référence.

Modification contrôlée de l'impédance

Sur les pistes, nous pouvons trouver des modifications locales de leur section, créant une discontinuité d'impédance. Cela peut être le cas en présence de composants tel que les capacités de DC blocking ou de connecteurs. Prenons comme premier exemple le cas des capacités de DC blocking : afin de limiter l'impact de la désadaptation introduite par l'empreinte du composant, il est conseillé d'utiliser des tailles de boîtier inférieures ou égales au 0402. De plus, les plans de référence se trouvant sous l'empreinte peuvent être localement modifiés afin que son impédance caractéristique soit égale au restant de la piste (figure 2.20).

Comme le montre la figure 2.21, cette méthode également est applicable aux connecteurs tels que les SMA dont l'âme centrale est montée en surface de la carte. Les paramètres S_{21} de la figure 2.22 montrent bien les bénéfices de ce type d'optimisation notamment à haute-fréquence donc pour les haut-débits.

2. Caractéristiques du canal MGH

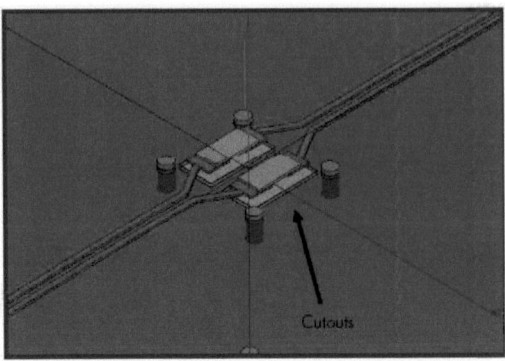

FIGURE 2.20.: Utiliser des capacités de taille inférieure ou égale au 0402 et retirer la masse sous les pastilles

FIGURE 2.21.: Suppression du plan (de masse ou d'alimentation) sous la pastille accueillant l'âme central du connecteur SMA (2 vues)

2. Caractéristiques du canal MGH

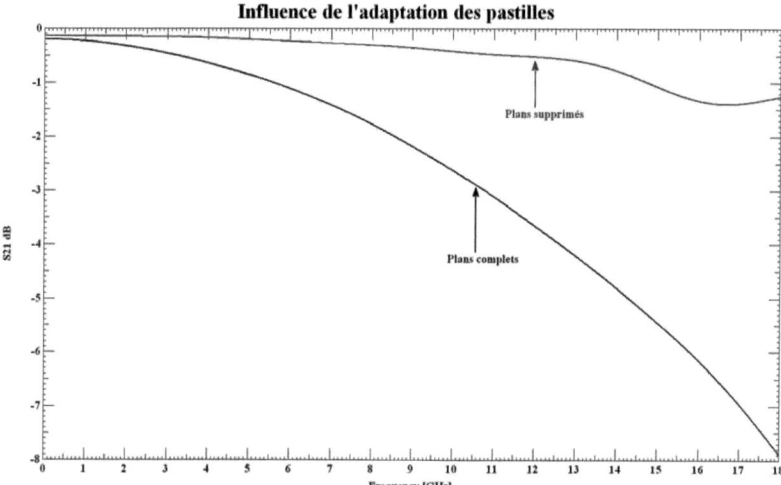

FIGURE 2.22. : Comparaison des paramètres S_21 avec et sans optimisation de l'impédance caractéristique de la pastille d'accueil du connecteur SMA

Modification subie de l'impédance

Certaines discontinuités d'impédance sont très difficiles à supprimer mais elles peuvent être limitées. Par exemple, les composants actuels présentent plusieurs milliers de broches à router sur quelques centimètres carré, il est donc impossible de "sortir" tous les nets des composants (pinout) sur les couches en surface uniquement. Des vias doivent donc parfois traverser tout le stackup pour accéder à toutes les broches d'un composant. Cela a pour conséquence de trouer localement les plans de masse et d'alimentation, pouvant rendre ces derniers inexistants sur toute la surface occupée pour le composant. La structure n'est donc plus adaptée. La figure 2.23 montre une partie du pinout d'un FPGA et l'absence totale de plan de référence sur certaines zones. Pour pallier à ce problème, les fabricants de composants positionnent les signaux sensibles dont les MGH en périphérie afin de limiter la longueur de la désadaptation.

L'autre source de désadaptation concerne la présence de plans partiels. Dans de nombreux cas, les plans partiels sont des plans d'alimentation car étant donné le grand nombre de tensions différentes sur une carte et le besoin de densité, plusieurs plans d'alimentations peuvent cohabiter sur une même couche. Dans l'exemple de la figure 2.24, les plans VCCH et VCCINT sont sur la même couche, espacés de 250 um environ. Une paire différentielle étant routée à cheval sur cet isolement, les canaux P et N ne possèdent donc pas la même

2. Caractéristiques du canal MGH

impédance caractéristique pouvant générer de la conversion de mode. Les signaux différentiels sont bien moins sensibles à des changements de plans de référence que les signaux single-ended, il faut donc éviter ce type de topologie avec des bus single-ended où le respect des timings est primordial.

La figure 2.25 présente un autre cas de plans partiels. Une paire différentielle en couche 3, référencée par rapport au plan de masse en couche 4, relie un FPGA à une barrette de mémoire. Cependant, il existe une discontinuité d'impédance sur un tronçon de la paire différentielle due à la présence d'un plan d'alimentation partiel en couche TOP. Pour éviter ce type de problème, il est conseillé de déplacer le plan partiel vers une zone contenant peu de signaux critiques ou de re-dimensionner localement la paire différentielle (largeur et espacement des pistes) afin de conserver la même impédance différentielle sur toute sa longueur.

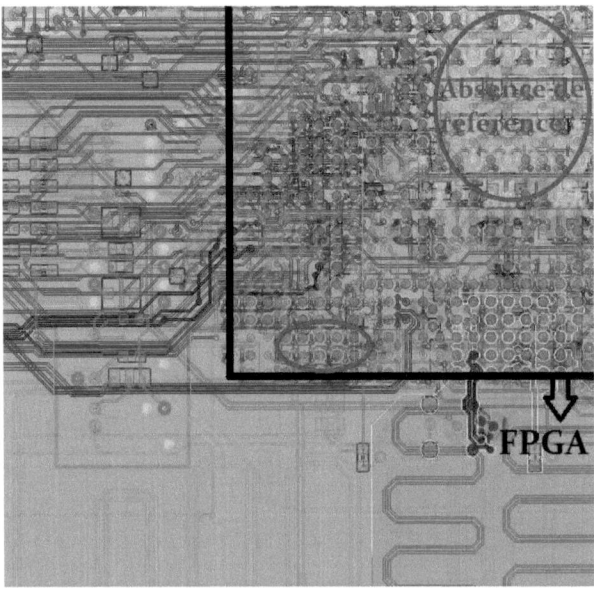

FIGURE 2.23.: Au niveau du pinout du composant, la structure n'est pas adaptée

2. Caractéristiques du canal MGH

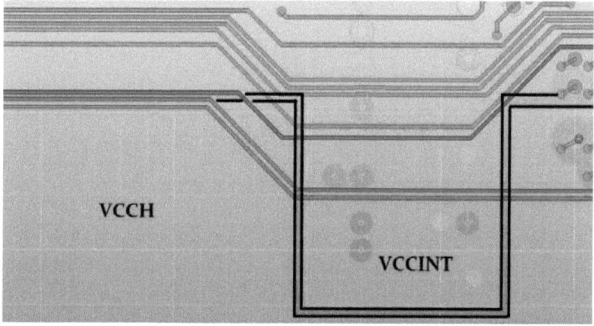

FIGURE 2.24.: Paire différentielle routée entre deux plans d'alimentation

2.5. Couplage avec les autres éléments de la carte

Étant donné la très haute densité des produits THALES, les couplages entre les différents éléments sont inévitables. En fonction de la proximité des pistes ou des caractéristiques des signaux qu'elles véhiculent, ces couplages pourront être considérés comme négligeables ou au contraire comme destructeurs. L'un des principaux objectifs de la thèse est d'identifier les agresseurs d'un signal MGH donné, quantifier la dégradation et apporter les solutions les moins coûteuses possibles si le signal victime est hors spécification. Cela passe par la définition de règles pré-routage et de simulations rapides et précises pré- et post-routage. Nous reviendrons en détail sur cette problématique dans la suite de la thèse.

2.6. Conclusion

L'ensemble de nos études nous a montré que le niveau de dégradation d'un signal due à une désadaptation d'impédance est dépendant de plusieurs paramètres :

- Plus la désadaptation intervient proche de l'injection de l'onde, plus le signal est dégradé.
- Plus la longueur de la désadaptation est grande, plus le signal est dégradé.
- Plus le delta entre la désadaptation et la valeur idéale de l'impédance est important, plus le signal est dégradé.

Grâce à ces études, nous avons également vu que chaque phénomène pris indépendant les uns des autres a peu d'impact sur la qualité globale des liens MGH. Cependant, il faut faire attention à l'impact des dégradations cumulées tout au long des lignes. De plus, de petites modifications du design telles que l'adaptation des empreintes des composants sont, à l'heure actuelle, dispensables. Cependant, la montée exponentielle des débits pourrait

2. Caractéristiques du canal MGH

rendre ces techniques d'optimisation obligatoires afin de perpétuer l'utilisation de matériaux bon marché comme le FR4. Aujourd'hui, la densité et la complexité des cartes font que les analyses d'intégrité du signal constituent une réelle spécialisation des concepteurs voir un nouveau type de métier. En effet, de nouveaux outils de modélisation et de simulation doivent être maîtrisés afin de prendre en compte la réalité du système et extraire le canal des cartes HDI dont le couplage, pouvant introduire de la diaphonie, fait partie intégrante.

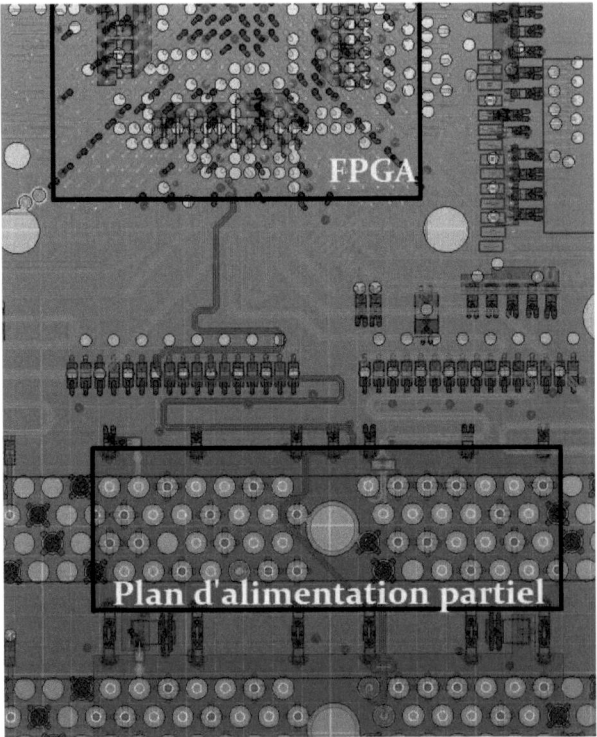

FIGURE 2.25.: Plan partiel modifiant localement l'impédance caractéristique des pistes

3. Conclusion partielle

Dans cette partie, il est bien mis en évidence que le canal de propagation est la principale source de dégradation du signal. Il est donc très important de comprendre toutes les caractéristiques du PCB, des propriétés des matériaux utilisés aux épaisseurs des différentes couches en passant par la géométrie et la proximité des pistes. En maitrisant les caractéristiques du PCB, il est possible de limiter les phénomènes physiques qui leur sont associés à l'aide d'un bon simulateur électromagnétique. Ce dernier doit donc être capable de calculer correctement toutes les interactions des champs EM se propageant dans la structure. Parmi tous les logiciels évalués, SIwave s'est avéré être le meilleur compromis pour notre domaine d'application. Premièrement, il permet d'importer la géométrie d'une carte complète de l'environnement de CAO (Allegro) en quelques dizaines de secondes. Deuxièmement, son interface graphique est très réussie : l'utilisateur parvient rapidement à paramétrer et vérifier sa simulation. Les résultats, obtenus dans des temps compatibles avec le contexte industriel, montrent une très bonne corrélation avec les mesures. Enfin, SIwave offre d'autres outils utiles à l'analyse de l'intégrité de puissance. Ceux-ci ont montré de très bons résultats, plus proche de la mesure que ceux donnés par Allegro, outil de référence à THALES pour l'intégrité de puissance.

L'obtention des paramètres S permet d'avoir une bonne idée des performances du canal de propagation. Cependant, cet outil mathématique ne prend pas en compte le signal réel transitant sur les pistes alors que celui-ci a un impact non négligeable sur la qualité de la transmission. En fonction de son spectre fréquentiel (codage, temps de montée/descente, débit, amplitude), la diaphonie peut être plus ou moins importante. De plus, les émetteurs et récepteurs sont pourvus de processus de correction du canal telles que la pré-accentuation et l'égalisation. La prochaine partie de ce mémoire est dédiée à l'étude des transceivers et des simulations qui leurs sont associées.

Troisième partie.

Etude des liens MGH

1. Quantification et amélioration de la qualité d'un lien MGH

Les informations binaires transitent à travers le canal de propagation comme un flot aléatoire de "0" et de "1". Idéalement, ces bits sont disponibles à un instant bien précis au niveau du récepteur et présentent une période prédéterminée exacte. De plus, leurs niveaux haut et bas sont uniformes. Cependant, dans la pratique, les concepteurs doivent faire face à de nombreux phénomènes physiques qui dégradent le signal. Ils leur faut donc des outils permettant de quantifier la qualité réelle de la transmission et d'identifier les principales sources de dégradation afin de pouvoir les corriger.

1.1. Quantifier la qualité d'une transmission

Il existe différents outils permettant de quantifier la qualité d'une transmission MGH. Dans le domaine temporel nous trouvons le diagramme de l'oeil basé sur le principe de superposition et le jitter pouvant se décomposer en plusieurs composantes dépendantes de la cause de la dégradation du signal. Au niveau système, le taux d'erreur binaire ou "Bit Error Rate" (BER) indique la capacité du lien MGH à transmettre des informations sans erreur. Le diagramme de l'oeil a déjà été présenté dans la partie 5.4, nous allons donc présenter maintenant plus en détail le taux d'erreur binaire.

1.1.1. BER

Le taux d'erreur binaire ou Bit Error Rate (BER) exprime le rapport du nombre de bits erronés reçus sur le nombre total de bits transmis sur un intervalle suffisamment long (équation 1.1).

$$BER(t_s, v_s) = \lim_{N \to \infty} \frac{N_{err}(t_s, v_s)}{N} \qquad (1.1)$$

où v_s représente la tension et t_s l'instant relatifs auxquels le signal est échantillonné. N_{err} est le nombre de bit erronés reçus et N est le nombre de bits transmis dans le même intervalle.

L'équation 1.1 montre bien que le BER dépend du moment lors duquel les données sont échantillonnés et de leur niveau de tension. En effet, le point de décision idéal se trouve au centre de l'oeil mais ce n'est pas le cas dans la pratique (nous y reviendrons). Ainsi, en faisant varier l'emplacement du point de décision dans l'oeil du récepteur, un diagramme constitué de plusieurs contours d'oeil (Eye contour) associés à différents niveaux de BER

1. Quantification et amélioration de la qualité d'un lien MGH

peut être généré. En prenant l'exemple de la figure 1.1, tant que le point de décision reste dans le contour le plus intérieur, nous pouvons espérer une transmission dont le niveau de BER est inférieur ou égal à 10^{-12}. Si l'échantillonnage a lieu entre le contour intérieur et le suivant alors le BER est compris entre 10^{-10} et 10^{-12} et ainsi de suite avec les contours de plus en plus grands.

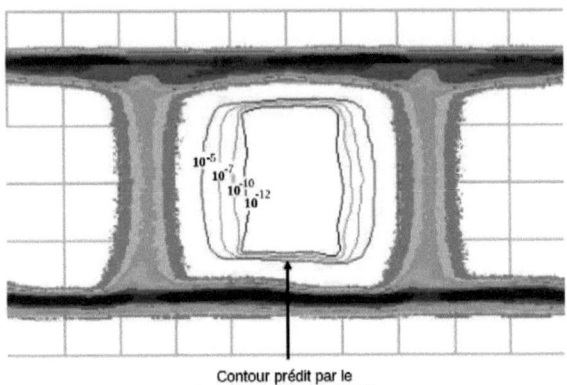

FIGURE 1.1.: BER obtenu en fonction de la position du point de décision dans l'oeil

Une autre façon de visualiser le BER est celle dite de la courbe en baignoire (bathtub curve) en raison de sa forme. La courbe en baignoire, présentée sur la figure 1.2, montre que pour un taux d'erreur binaire de 10^{-18}, l'oeil est complètement fermé. Cela signifie que dans le cas où le point de décision est parfaitement centré dans l'oeil (point rouge) alors le BER minimum atteignable est de 10^{-18}. Plus le point de décision s'éloigne du centre de l'oeil, plus le risque de voir une erreur apparaître est grand. Si l'objectif d'un design est d'atteindre un BER d'au moins 10^{-12} alors il faut que le point de décision du récepteur ne varie pas plus d'un douzième du temps bit de part et d'autre du point du centre de l'oeil. Autrement dit, la largeur de l'oeil doit être supérieur ou égal à un sixième du temps bit, donc les variations temporelles totales à droite et à gauche, aussi appelées jitter, doivent être inférieur à cinq sixième du temps bit. La courbe en baignoire de la figure 1.2 représente donc le BER minimum atteignable en fonction de la variation temporelle maximale offerte par le récepteur. Il est également possible de générer une courbe en baignoire pour les variations en tension du récepteur. Afin de réaliser des calculs de taux d'erreur binaire très faibles avec une bonne précision, il est nécessaire de prendre en compte un nombre considérable de bit, ce qui n'est plus compatible au delà d'un certain seuil avec les simulations bit à bit. Cela demande donc des moyens de simulation adaptés, basés par exemple sur des analyses statistiques.

1. Quantification et amélioration de la qualité d'un lien MGH

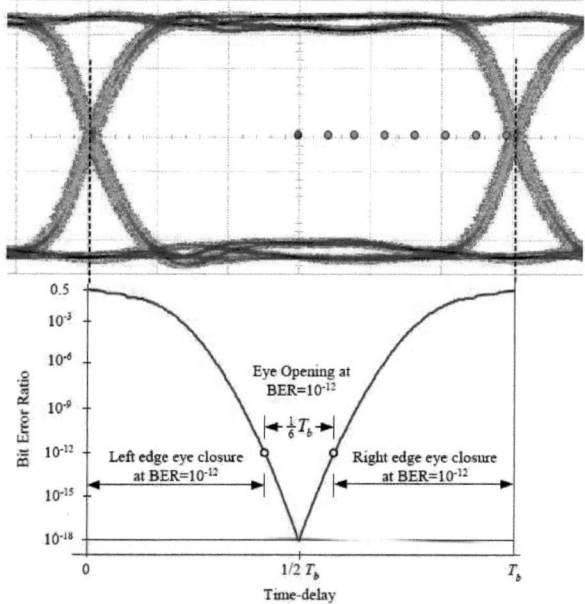

FIGURE 1.2.: Exemple de courbe en baignoire

1.1.2. Jitter

La gigue de phase, appelé jitter dans toutes les documentations en Anglais, est un terme quantifiant la variation temporelle d'un signal numérique autour de ses positions idéales. Le jitter peut être borné ou non :

- le jitter borné est déterministe, noté DJ (Deterministic Jitter). Cela signifie que la variation de phase se situe entre une valeur minimale et une valeur maximale dans un intervalle identifiable. Autrement dit, sa contribution sur l'oeil est toujours la même et est indépendante du BER ciblé [42].
- le jitter non borné est aléatoire, noté RJ (Random Jitter). Il suit une distribution Gaussienne. Les valeurs de ce jitter sont grandes mais les évènements qui en sont à l'origine se produisent avec une faible probabilité et deviennent donc visibles lorsque des niveaux très bas de BER sont recherchés.

Pour résumer, le jitter déterministe est dominant à haut BER tandis que le jitter aléatoire devient dominant lorsque le BER décroit. Ce phénomène peut s'illustrer avec la courbe en

1. Quantification et amélioration de la qualité d'un lien MGH

baignoire car l'ouverture de l'oeil est évidemment liée à un niveau de BER et donc à une certaine quantité de jitter comme le montre la figure 1.3.

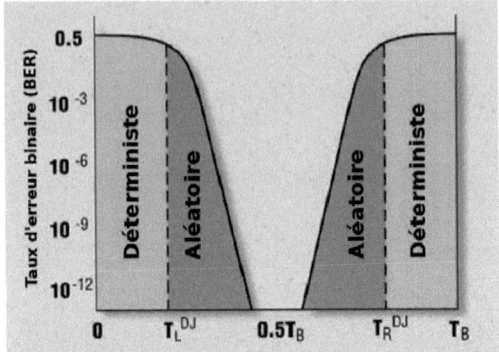

FIGURE 1.3.: Représentation de RJ et DJ sur la courbe en baignoire

Le jitter total à BER donné TJ(BER) peut être calculé par la convolution temporelle des fonctions de densité de probabilité (PDF) de DJ et RJ (équation 1.2) ou par l'approximation dite de "Dual Dirac" (équation 1.3) [43]. Le jitter aléatoire RJ est dû aux bruits blancs Gaussien tels que les bruits thermiques et les bruits de commutations internes aux composants. Le jitter déterministe est dû aux imperfections des transceivers, à la diaphonie, aux interférences électromagnétiques et au réseau d'alimentation des composants.

$$PDF_{TJ(BER)}(t) = PDF_{DJ}(t) * PDF_{RJ}(t) \quad (1.2)$$

$$TJ(BER) \cong 2.Q_{BER}.RJ_{RMS} + DJ_{PP} \quad (1.3)$$

où Q_{BER} est calculé par la fonction d'erreur complémentaire erfc (tableau 1.1).

Décomposition du jitter

Comme le montre la figure 1.4, le jitter déterministe peut lui-même être divisé en plusieurs composantes dépendantes des différents phénomènes pouvant intervenir sur la transmission. Parmi ces composantes, nous trouvons :

- le BUJ (Bounded Uncorrelated Jitter) est principalement dû à la diaphonie. Ce jitter est corrélé au flot de données des signaux adjacents mais il ne l'est pas à son propre flot binaire [44].
- le PJ (Periodic Jitter), également appelé SJ (Sinusoïdal Jitter), correspond à une variation périodique de la phase causée par les instabilités des alimentations.

1. Quantification et amélioration de la qualité d'un lien MGH

– le DDJ (Data Dependent Jitter) est principalement dû au fait que le canal ait une bande passante limitée. Ce phénomène peut être plus ou moins amplifié en fonction du codage des données utilisé. Le DDJ est donc composé :

  – des Interférences Entre Symboles (IES ou ISI en anglais) se produisant lorsque la réponse impulsionnelle du canal est supérieure au temps bit. Autrement dit, les composantes hautes fréquences d'un signal s'établissent moins rapidement que celles basses fréquences. Cela est dû aux pertes, aux discontinuités de l'impédance caractéristique ou des impédances de terminaisons. L'ISI peut être corrigée par les processus de pré-accentuation et d'égalisation disponibles dans la plupart des composants offrant la possibilités d'utiliser des liens MGH.

  – du DCD (Duty Cycle Distorsion). Ce jitter est causé lorsque les états binaires ont des durées différentes du fait que leurs temps de montée et de descente ne sont pas identiques. Par exemple, l'état "1" est toujours plus long ou plus court que l'état "0". Ce phénomène est le résultat d'une mauvaise conception de l'alimentation interne (bias) du composant ou d'un réseau d'alimentation insuffisant. Sur le diagramme de l'oeil, si le point de croisement se trouve au-dessus du niveau de commutation idéal, cela signifie que l'état "1" a un cycle plus long que celui du "0". Dans le cas contraire, l'état "0" a un cycle plus long que celui du "1".

BER	Q_{BER}
10^{-4}	7.438
10^{-6}	9.507
10^{-7}	10.399
10^{-9}	11.996
10^{-11}	13.412
10^{-12}	14.069
10^{-13}	14.698
10^{-15}	15.883

TABLE 1.1.: Coefficient multiplicateur Q_{BER} en fonction du taux d'erreur binaire

La figure 1.5 synthétise les imperfections que nous pouvons trouver sur un lien MGH en relation avec les différentes composantes du jitter qui les quantifient.

1. Quantification et amélioration de la qualité d'un lien MGH

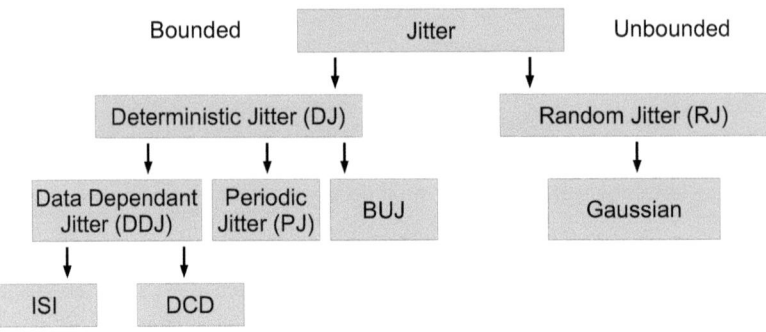

FIGURE 1.4.: Les différentes composantes du jitter

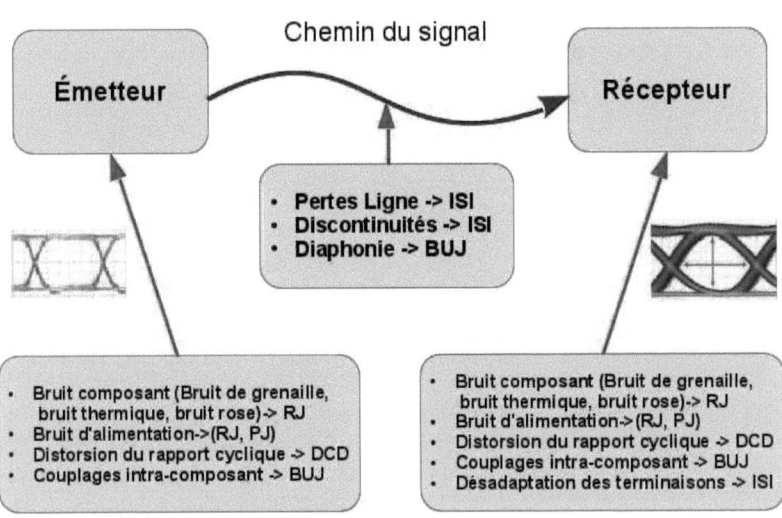

FIGURE 1.5.: Synthèse sur la décomposition du jitter

1. Quantification et amélioration de la qualité d'un lien MGH

1.1.3. Rôle du circuit de récupération de l'horloge

Nous avons vu précédemment que les liens MGH sont asynchrones, c'est-à-dire que l'horloge est "embarquée" dans le flot de données et que suivant l'emplacement du point de décision dans l'oeil, le BER change. La mesure du jitter est donc toujours comparée à l'horloge récupérée par rapport à l'horloge de référence. La performance d'un récepteur est liée à sa capacité à récupérer l'horloge grâce à un circuit dédié, appelé CDR (Clock and Data Recovery). Si tout était parfait, l'horloge récupérée aurait subi exactement le même jitter que les données. Dans ce cas, le point de décision "danserait" avec le jitter, ce dernier ne causerait donc pas d'erreur. Dans la pratique, seule une petite partie du jitter est partagée à la fois par l'horloge récupérée et par les données. C'est une des forces des liens séries : une partie du jitter est automatiquement éliminée par le récepteur.

La difficulté est de savoir quelle partie du jitter doit être étudiée avec attention et quelle est celle qui n'aura aucun impact sur le BER. Pour ce faire, le circuit de récupération d'horloge doit être examiné plus précisément : l'horloge est récupérée à partir des données en verrouillant la phase d'un oscillateur sur la phase des transitions de ces dernières ; l'application standard d'une boucle à verrouillage de phase ou PLL (Phase Locked Loop). C'est la bande passante de la CDR qui détermine la partie du jitter qui peut générer des erreurs. Ainsi, avec une CDR ayant une bande passante infinie, les transitions de l'horloge et des données subiraient des déphasages en parfaite harmonie. A l'inverse, pour une CDR de bande passante nulle, le jitter de l'horloge serait fixe tandis que celui des données varierait : le point de décision ne suivrait donc pas du tout le jitter. Dans les cas réels, la CDR a une bande passante finie et non nulle notée Δf, se comportant comme un filtre de jitter passe-haut : le point de décision suit le jitter uniquement pour les fréquences situées dans la bande passante. Pour les fréquences situées au delà de la bande passante, le jitter peut devenir une source d'erreur.

Cette approche du circuit de récupération de l'horloge met en avant deux principes importants :

- Un des critères de performance d'un récepteur est la largeur de la bande passante de sa CDR.
- Lorsque des mesures d'ouverture de l'oeil ou autres sont effectuées à la sortie d'un émetteur, il faut tenir compte du fait qu'une partie du jitter sera automatiquement éliminée par le récepteur, et donc que les mesures ne seront pas nécessairement représentatives de la qualité globale du lien MGH. Il existe cependant aujourd'hui des oscilloscopes permettant de traiter en partie ce problème puisqu'ils sont capables de simuler en interne le comportement d'une CDR en définissant la bande passante de cette dernière.

1. Quantification et amélioration de la qualité d'un lien MGH

1.1.4. Synthèse

La compréhension et la maitrise de la décomposition du jitter est très importante, aussi bien en mesure qu'en simulation, car en cas de BER trop élevé, cette analyse permettra au concepteur d'identifier rapidement la source du problème et de savoir s'il peut le corriger facilement. Il est évident qu'une modification du routage de la carte sera bien plus coûteux que de mettre en oeuvre de la pré-accentuation ou de l'égalisation. Il est donc nécessaire de valider les résultats obtenus en simulation par la mesure de la décomposition de jitter (voir la partie IV 2.2). L'expérience de différents designs permettra de définir des marges de conception afin de prévoir tout ce qui n'est pas pris en compte en simulation.

1.2. Pré-accentuation et égalisation

Les processus de pré-accentuation (ou de dés-accentuation) et d'égalisation se trouvent respectivement au niveau de l'émetteur et du récepteur des liens MGH. La majorité des composants permettant la mise en oeuvre de ces liens embarque ces fonctions. Ces dernières permettent de compenser les pertes ohmiques mais aussi certaines discontinuités d'impédance du canal de propagation, à l'origine des ISI.

1.2.1. Pré-accentuation

Le but de la pré-accentuation est d'amplifier par avance les fréquences du signal qui seront les plus dégradées par le canal [45]. Un exemple de structure de filtre de pré-accentuation numérique est présenté figure 1.7. Il faut calculer les "poids" des inversions à appliquer au signal d'origine, soit en avance d'un temps bit soit en retard d'un ou plusieurs temps bit, afin de limiter les ISI. Chaque avance (Z^{+1}) ou retard (Z^{-1}) d'un temps bit (1 Unit Interval - UI) correspond à un étage de correction (tap) et est affecté d'un coefficient. En fonction des caractéristiques du canal, une inversion pondérée sur un seul retard, de 1 UI, peut être insuffisant pour atteindre le niveau de compensation ciblé. Par exemple, sur la figure 1.6, seules les oscillations après le temps bit (main cursor) sont corrigées mais le signal avant le main cursor n'est pas compensé. Plus l'émetteur possède d'étages de correction, plus les défauts du canal pourront être facilement compensés.

Le synoptique de la figure 1.7 présente un filtre FIR (Finite Impulse Response) de pré-accentuation à quatre étage. Le "pre-tap" (ou "pre-cursor") corrige les oscillations pouvant intervenir 1 UI avant le bit envoyé. L'étage appelé "main tap" ou "main cursor" correspond au signal d'origine et permet de régler la tension différentielle souhaitée à la sortie du driver pour chaque bit. Les "post-taps" (ou post-cursors) de premier et de second niveaux compensent respectivement les oscillations 1 UI et 2 UI après le bit envoyé. Dans le domaine fréquentiel, la pré-accentuation correspond à l'amplification des composantes hautes fréquences du signal car ce sont bien ces dernières qui sont les plus dégradées par le canal, ce dernier agissant comme un filtre passe-bas. Dans le domaine temporel, les transitions sont "boostées". La dés-accentuation reprend le même principe que celui de la pré-accentuation sauf qu'il atténue les composantes basses fréquences du signal. Ainsi,

1. Quantification et amélioration de la qualité d'un lien MGH

toutes les composantes de la bande arrivent avec la même amplitude au niveau du récepteur. Les avantages de la dés-accentuation par rapport à la pré-accentuation sont de ne pas amplifier les rayonnements électromagnétiques, donc les risques de diaphonie, et un circuit passif simple peut réaliser la fonction. Certains composants, comme le FPGA Stratix IV, combinent de la pré-accentuation et la dés-accentuation. Cela permet de cumuler leurs avantages : limitation de la diaphonie, faible atténuation du signal et conservation d'un delta important entre les hautes et les basses fréquences au niveau de l'émetteur. Un bit suivant une transition est donc pré-accentué tandis que ceux qui suivent et qui conservent le même état sont dés-accentués (figure 1.8).

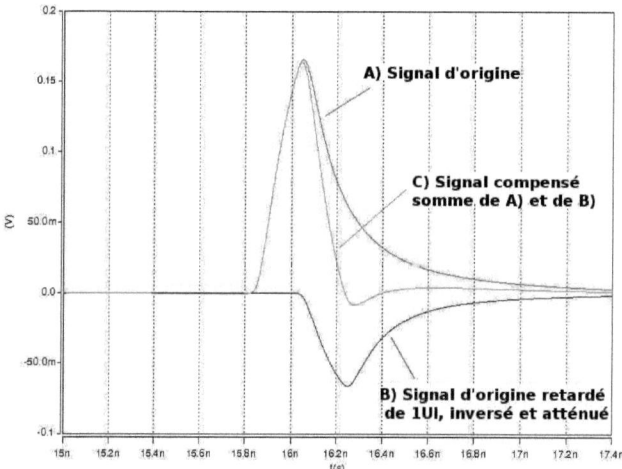

FIGURE 1.6.: Compensation des ISI avec la pré-accentuation

1.2.2. Égalisation analogique

Les récepteurs des liens MGH embarquent très souvent un égaliseur linéaire et continu dans le temps (ou CTLE : Continuous Time Linear Equalizer) car c'est une solution simple à mettre en oeuvre et peu gourmande en énergie [15]. Les égaliseurs CTLE sont constitués de composants analogiques passifs et/ou actifs capables de corriger les ISI pre- et post-cursors. Ce type d'égaliseur a pour fonction d'amplifier plus ou moins les hautes fréquences afin de compenser les atténuations du canal. Cependant, lorsque le débit devient important, les CTLE d'ordre élevé peuvent être consommateurs de surface et de puissance. C'est pour cette raison que l'égalisation numérique remplace de plus en plus cette technologie. Elle

1. Quantification et amélioration de la qualité d'un lien MGH

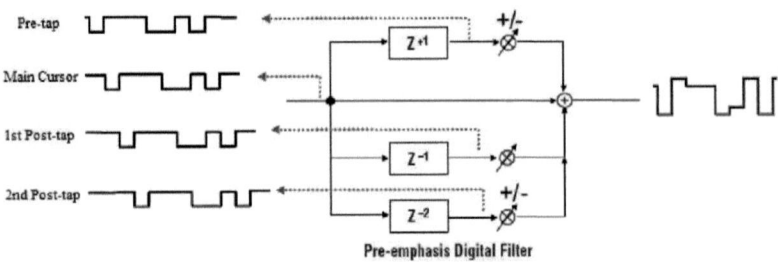

FIGURE 1.7.: Synoptique du filtre de pré-accentuation

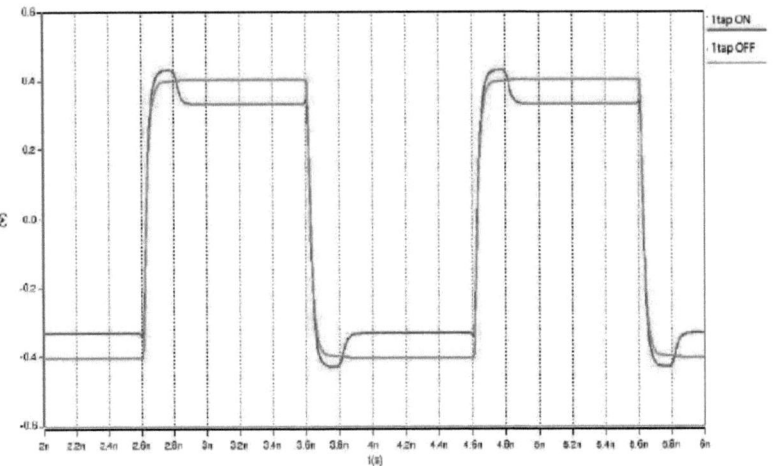

FIGURE 1.8.: Combinaison de la pré-accentuation et de la dés-accentuation sur le 1er post-tap

est expliquée plus en détail dans la suite.

1.2.3. Égalisation numérique

Il existe deux catégories d'égaliseur numérique :
- les égaliseurs linéaires (ou transverses)
- les égaliseurs non linéaires (ou à retour de décision)

1. Quantification et amélioration de la qualité d'un lien MGH

Les égaliseurs peuvent être :
- déterminés à l'avance (lorsque le canal est connu et ne varie pas)
- adaptatifs (souvent lorsque le canal varie au cours du temps) :
  - Égaliseur adaptatif par séquence d'apprentissage connue du récepteur
  - Égaliseur adaptatif sans séquence d'apprentissage (autodidacte)

Pour résumer, nous pouvons classer les égaliseurs par :
- Type : Linéaire, ou non linéaire
- Structure : Transverse (MA), Récursive (RA) ou ARMA
- Algorithme : Sans algorithme (canal connu), adaptatif, autodidacte.

Égalisation linéaire

Le schéma de principe de l'égalisation est présenté sur la figure 1.9.
Les fonctions de transfert de l'émetteur Tx ($Ht(f)$), du canal($Hc(f)$) et du filtre de réception du récepteur Rx ($Hr(f)$) sont regroupées dans la fonction de transfert $H(f)$:

$$H(f) = Ht(f).Hc(f).Hr(f) \tag{1.4}$$

$Hw(f)$ est la fonction de transfert du filtre blanchissant dont le rôle est de rendre indépendant les échantillons de bruit. Cette fonction de transfert ne dépend que de $Hr(f)$ et peut être prédéterminée [46].

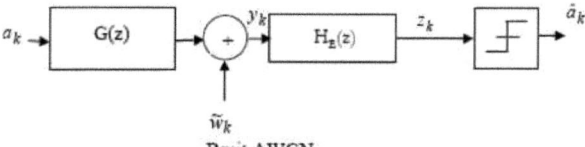

FIGURE 1.9.: Synoptique de l'égalisation linéaire

Dans ce synoptique :
- $H_E(z)$ est la fonction de transfert temporelle du filtre égaliseur
- $G(z) = H(z).Hw(z)$

Le canal peut être modélisé par sa réponse impulsionnelle, comme par exemple celle représentée figure 1.10 et on peut exprimer y_k par l'équation :

$$y_k = a_k g_0 + \sum_{n \neq k} a_n . g_{k-n} + w_k \tag{1.5}$$

1. Quantification et amélioration de la qualité d'un lien MGH

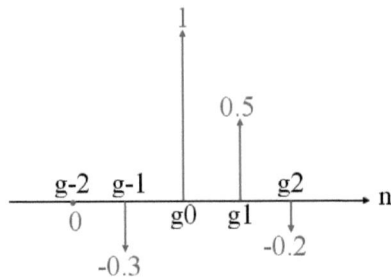

FIGURE 1.10.: Exemple de réponse impulsionnelle d'un canal

Le terme $a_k g_0$ est le bit à reconstruire, le deuxième et le troisième termes sont respectivement l'interférence inter symboles (IES) et le bruit à éliminer.

Supposons que $H_E(z)$ puisse être associé à un filtre linéaire de réponse impulsionnelle $\{h_{Ek}\}$ et que z_k soit la sortie de l'égaliseur :

$$z_k = \sum_{j \neq k} y_{k-j} . h_{E,j} \qquad (1.6)$$

Le but de l'égalisation est de déterminer les coefficients $h_{E,j}$ pour minimiser la probabilité d'erreur (P_e) sur les prises de décisions en sortie. On définit différents critères pour minimiser Pe : le critère du Zero-Forcing (ZF) et le critère du Minimum Mean Square Error (MMSE). Ces critères et leur mise en oeuvre sont détaillés plus précisément en annexe. Le critère MMSE permet de mieux prendre en compte le bruit contrairement au ZF. Cependant, l'utilisation d'une structure transverse reste médiocre en présence d'évanouissements sélectifs dans le canal. Les coefficients pour les égaliseurs linéaires peuvent être calculés en utilisant un logiciel de calcul numérique matriciel. Cela permettra de traiter l'effet de l'égalisation linéaire sur la qualité d'une liaison MGH en utilisant ces paramètres dans des modèles d'égaliseur lors des simulations.

Égalisation adaptative

Les algorithmes présentés précédemment ont pour inconvénients de nécessiter :

- une estimation précise du canal
- un calcul de la matrice de corrélation des données reçues et de son inverse
- un ajustement des coefficients si le canal varie dans le temps

Dans l'approche adaptative, l'étape de l'estimation du canal est transparente pour l'utilisateur et les algorithmes vont tenir compte des variations temporelles du canal. Les deux

1. Quantification et amélioration de la qualité d'un lien MGH

algorithmes d'optimisation les plus connus sont le LMS (Least Mean Square) et le RLS (Recursive Least Square) (Annexe B).

Il existe deux phases de fonctionnement :

- Une phase d'apprentissage : les données a_k étant connues (séquence d'apprentissage), cette phase permet d'ajuster les coefficients de l'égaliseur (pas d'estimation du canal). Cette phase est appelée « mode supervisé ».
- Une phase de données ou de poursuite (pilotée par les décisions ou « decision directed ») ou encore « mode opérationnel » : les a_k sont remplacés par les données estimées.

L'algorithme de base du LMS est le gradient stochastique (« steepest descent ») dans lequel le vecteur gradient est approximé par une estimation provenant des données. C'est un algorithme simple dont le coût de calcul est proportionnel à l'ordre du filtre à identifier. A condition de respecter un pas d'adaptation suffisamment faible, cet algorithme est stable et optimise un critère des moindres carrés moyens. Encore aujourd'hui, c'est l'algorithme de filtrage adaptatif le plus employé dans les applications temps réel. L'inconvénient majeur dans son utilisation réside dans le choix du pas d'adaptation. Un pas faible entraîne une convergence lente souvent incompatible avec les applications envisagées. Un pas trop fort va conduire, quant à lui, à des résultats imprécis.

L'algorithme RLS est plus rapide que le LMS au prix d'une certaine complexité. En effet, lorsque le canal à égaliser a une réponse impulsionnelle très étalée, le LMS converge très lentement du fait de la présence d'un seul paramètre de contrôle (le pas d'adaptation).

Les méthodes dites autodidactes ont été développées pour s'affranchir de la séquence d'apprentissage. En effet, les méthodes précédentes nécessitent une phase d'apprentissage avec une séquence connue du récepteur, ce qui peut pénaliser certains systèmes de communications. Par exemple, lorsque le canal subit des variations brutales, les algorithmes adaptatifs ont du mal à suivre ces variations. Dans ce cas, utiliser un apprentissage de manière régulière est nécessaire, réduisant le débit des données utiles. La seule connaissance disponible en réception est la statistique du signal émis.

Il existe beaucoup d'algorithmes autodidactes qui se différencient les uns des autres par leur rapidité de convergence et par leur aptitude à éviter les minimums locaux (Sato, Kurtosis, Godard, ...) [47] [48] [49]. Parmi eux, l'algorithme proposé en 1980 par Godard s'annonce très robuste en terme de capacité de convergence notamment pour des canaux sévères. Il ne nécessite ni la connaissance des données émises, ni celle des données décidées. Nous ne détaillerons pas plus ce type d'égalisation car il n'est pas destiné à des transmissions sur PCB.

Égalisation non linéaire à retour de décision (DFE)

Les égaliseurs linéaires sont limités en performances surtout dans le cas de canaux très sévères. L'idée de l'égalisation par retour de décision est basée sur une approche consistant à

1. Quantification et amélioration de la qualité d'un lien MGH

reconstruire une partie de l'interférence pour venir la soustraire au signal reçu. La structure à retour de décision ou DFE (Digital Feedback Equalizer) est présentée sur la figure 1.11.

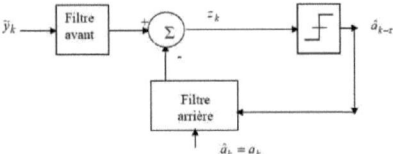

FIGURE 1.11.: Synoptique de l'égalisation à retour de décision

A l'instant (kT), z(k) doit être déterminé, c'est-à-dire prendre une décision a_k, les symboles $a_{k-\tau-1}$, $a_{k-\tau-2}$, ... , a_{k-N} ayant été obtenus à partir de décisions précédentes. Ces échantillons appelés «post-cursor», «arrières» ou «feedback» et sont à la base de la structure récursive. La partie manquante $(n < \tau)$ est la partie due aux échantillons «pre-cursor», «avant» ou «feedforward».

Supposons que le filtre avant soit d'ordre $N_1 + 1$ et que le filtre arrière soit d'ordre N_2, alors en sortie de l'égaliseur nous avons :

$$z_k = \sum_{i=-N_1}^{0} \tilde{y}_{k-i}.h_{E,i} + \sum_{j=1}^{N_2} \hat{a}_{k-j}.h_{E,j} \tag{1.7}$$

Considérons que les décisions aient été bonnes, alors $\hat{a}_k = a_k$ et :

$$z_k = Y_F^T.H_{E,F} + Y_B^T.H_{E,B} \tag{1.8}$$

Les coefficients des filtres $H_{E,F}$ et $H_{E,B}$ peuvent être calculés à partir de la minimisation de l'erreur quadratique moyenne. Cela se traduit dans ce cas par l'équation 1.9. Les calculs sont détaillés dans l'annexe B.3.4.

$$E[(a_k - z_k)^2] = E[(a_k - Y_F^T.H_{E,F} + Y_B^T.H_{E,B})^2] \tag{1.9}$$

Comme dans le cas de l'égaliseur linéaire, il est possible de définir les coefficients de manière itérative et d'utiliser une séquence d'apprentissage.

1.2.4. La pré-accentuation et l'égalisation dans les modèles de composants

Il est très difficile de faire un parallèle entre les coefficients tels qu'ils sont calculés ci-dessus et ceux calculés par les composants réels, car l'architecture des égaliseurs implantés dans les composants est bien souvent propriétaire. De ce fait, seuls les modèles fournis par les fabricants donneront des résultats représentatifs du fonctionnement réel de leurs composants. Si ces modèles ne sont pas disponibles, nous verrons dans la suite de la thèse qu'il existe des modèles génériques dans les librairies d'ADS, logiciel de simulation circuit

1. Quantification et amélioration de la qualité d'un lien MGH

édité par la société **Agilent**. Ces modèles génériques offrent la possibilité de paramétrer la pré-accentuation et l'égalisation avec les coefficients calculés par l'utilisateur mais ils sont également capables de calculer les coefficients eux-mêmes à l'aide des algorithmes ZF, LMS ou RLS. Les modèles génériques peuvent ainsi donner une première idée sur l'effet de la pré-accentuation et de l'égalisation sur un canal donné.

1.2.5. Conclusion

Les processus de pré-accentuation et d'égalisation permettent la propagation de signaux haut débit sur des médiums fortement perturbants. Ils sont donc une aide précieuse lors de la conception car ils évitent de sur-contraindre le routage ou de choisir des matériaux faibles pertes comme le Rogers (RO), bien plus chers que le FR4. Il est alors nécessaire d'optimiser par la simulation les différents coefficients (taps) de ces processus tout en gardant une marge. Cette dernière est une anticipation à certains phénomènes difficiles à prendre en compte en simulation mais qui seront bien présents sur la carte fabriquée et mise sous tension (nous y reviendrons dans la suite). De plus, l'impact de la pré-accentuation sur la diaphonie et sur les discontinuités du canal dépend fortement du cas étudié. Une fois les taps optimisés pour chaque canal, une simulation globale du système doit être effectuée. Les méthodologies d'optimisation de la pré-accentuation et de l'égalisation sont détaillées dans la dernière partie de ce chapitre.

2. Simulation d'un lien MGH

2.1. Introduction

Les liens multi-gigabits présentent des débits de plus en plus élevés. Hier encore, la plupart des liens série fonctionnaient jusqu'à 3.125 Gbps et étaient simulés grâce aux modèles HSPICE des composants avec des solveurs temporels. Aujourd'hui les débits peuvent atteindre 28 Gbps ce qui amplifie certains phénomènes comme :

- L'interférence entre symboles (ISI) : la montée des débits augmente le risque qu'un bit soit affecté par ses voisins.
- La diaphonie due à l'augmentation de la densité de routage des PCB et à la montée en fréquence des signaux.
- Les réflexions dues au fait que la continuité d'impédance est difficile à maintenir sur une large bande de fréquence dans le cas de PCB denses et complexes.

Plus le débit et la longueur des pistes augmentent, plus l'effet de "mémoire" du canal apparaît. Cela signifie qu'un bit N subira les oscillations résiduelles des bits N-1, N-2, N-k (avec k le bit dont ses oscillations sont suffisamment amorties pour de ne pas avoir d'impact sur le bit N). L'effet de mémoire du canal implique de simuler non plus quelques milliers de bits mais plusieurs millions voir dizaines de millions de bits dans un temps comparable à ce qui se faisait avant. Une nouvelle méthodologie de simulation doit donc être définie alliant de nouveaux modèles (IBIS AMI) à de nouveaux solveurs.

Les débits peuvent être divisés en 3 niveaux, auxquels une méthodologie particulière est associée avec plus ou moins de contraintes de conception :

a) Débits inférieurs à 1.25 Gbps

Ces liens, que nous qualifierons ici de "bas débit", peuvent être correctement simulés avec des outils temporels classiques tel HSPICE. Le masque du diagramme de l'oeil aux niveaux Tx et Rx est généralement donné par les standards compatibles avec cette bande. Tant que le comportement de l'onde est conforme au masque, le design est censé fonctionner. Généralement aucune égalisation Tx ou Rx n'est nécessaire et la simulation de quelques centaines de bits suffit. En effet, le rapport de la longueur électrique du lien sur le temps bit est petit (inférieur à 5) donc avec des temps de montée supérieurs à 150 ps, les petites structures comme les vias ont un impact négligeable sur les réflexions et les interférences inter-symboles.

2. Simulation d'un lien MGH

b) Débits entre 2.5 et 5 Gbps

Ces liens à débits "intermédiaires" nécessitent souvent de la pré-accentuation (côté Tx) et éventuellement de l'égalisation (côté Rx). Les modèles de composants utilisés en simulation doivent donc intégrer ces processus. Le rapport de la longueur électrique du lien sur le temps bit se situe ici entre 10 et 15 et les temps de montée sont souvent inférieurs à 75 ps. Cela commence à favoriser l'ISI à cause de l'effet "mémoire" du canal. Ainsi chaque transition de bit peut avoir un impact sur une vingtaine d'autres bits, voir plus, ce qui requiert la simulation d'au moins un million de bits pour prendre en compte la totalité de ce phénomène. Étant donné le nombre important de bits à simuler, il est difficile d'opter pour un simulateur du type de HSPICE. La famille des simulateurs circuit (channel simulator) est à conseiller.

c) Débits supérieurs ou égaux à 6.25 Gbps.

A ces débits, les pré-accentuations et égalisations sont souvent nécessaires. Le rapport entre la longueur électrique du lien et le temps bit est supérieur à 20 et les temps de montée inférieurs à 50 ps. La mémoire de canal peut donc avoir un effet pendant au moins 40 fois le temps bit. Les outils privilégiés permettant de juger de la qualité du lien sont ici le diagramme de l'oeil et le BER. Le BER classique des liens MGH est de 10^{-12} mais les nouveaux protocoles peuvent demander des BER de 10^{-15}. Cela constitue de réels problèmes de simulation et de mesure : prenons un débit de 6.25 Gbps et un BER de 10^{-15}, 44.44 heures temps réel sont nécessaires pour observer une seule erreur. Sachant qu'il faut observer au moins une dizaine d'erreurs pour obtenir un BER moyen, il est clair que la mesure et la simulation temps réel sont irréalisables.

Cette introduction nous permet de comprendre, l'enjeu de la méthodologie retenue. Le choix des modèles des composants ainsi que des solveurs est primordial puisqu'il faut prendre en compte tous les phénomènes intrinsèques au PCB, les processus d'égalisation et de récupération d'horloge ainsi que la dépendance des séquences binaires, le tout dans des temps convenables.

2. Simulation d'un lien MGH

Débit (Gb/s)	< 1.25	2.5-5	> 6.25
Exemple	SATA1 [10]	PCIe [9]	802.3ap [50]
Pré-accentuation TX	Aucune	Filtre RIF 2 coefficients, excursion de sortie ajustable	Filtre RIF multi coefficients, FFE, excursion de sortie ajustable
Égalisation RX	Aucune	Filtre crête (pôle/Zero)	Filtre crête, DFE, Reconstruction d'horloge
Nombre de bits simulés	< 5000	100000-1000000	> 1000000
Moteur de simulation	HSPICE	HSPICE, STATEYE, IBIS AMI	IBIS-AMI
Mesure de conformité	Diagramme de l'oeil	Diagramme de l'oeil	Diagramme de l'oeil, Taux d'erreur binaire (BER)

TABLE 2.1.: Synthèse de la stratégie de simulation en fonction du débit

2.2. Les solveurs circuits

Comme nous l'avons vu précédemment, plus le débit est élevé et le niveau du BER faible, plus il est nécessaire de prendre en compte un nombre de bits important dans la simulation. Des évolutions des moteurs de calculs temporels "temps réel" ont donc vu le jour. Parmi ces derniers, appelés simulateurs circuits (channel simulator), nous pouvons distinguer trois grandes familles :

- Peak-Distorsion Analysis (PDA)
- Statistical Channel Simulators
- Time Domain Channel Simulators (mode bit-by-bit)

2.2.1. Peak Distorsion Analysis

L'outil PDA ne permet pas de prédire le comportement du canal par des millions de bits : il va chercher la séquence binaire la plus courte possible permettant de fermer au maximum l'oeil (worst case pattern). Cette séquence binaire pourra être utilisée avec un simulateur temporel classique type HSPICE.

Le diagramme de l'oeil résultant d'un calcul PDA représente le pire cas, donc, quelques soient les autres séquences et leur longueur, l'oeil obtenu devrait être plus ouvert. Les processus de pré-accentuation et d'égaliseur peuvent être pris en compte dans la simulation.

L'avantage du PDA est sa rapidité mais il a pour principal inconvénient de ne donner aucune indication sur la probabilité que le pire cas apparaisse.

2. Simulation d'un lien MGH

2.2.2. Moteurs de calculs statistiques

Comme leur nom l'indique, les moteurs de calculs statistiques utilisent des techniques statistiques pour prédire la distribution du signal dans le diagramme de l'oeil au niveau du récepteur. Ces techniques statistiques peuvent simuler l'équivalent de milliards de bits en quelques secondes alors que des jours voir des semaines seraient nécessaires avec SPICE. En d'autres termes, le simulateur va prédire la réponse du canal en se basant sur les propriétés stochastiques d'une séquence binaire de longueur infinie. Le résultat est obtenu sous forme d'un diagramme de l'oeil montrant la probabilité de répartition du signal en temps et en tension (figure 2.1). Les formules de calculs statistiques sont propriétaires aux éditeurs. Dans ADS (Advanced Design System) de la société Agilent, la densité de l'oeil est calculée à partir de la distribution de l'ISI en prenant en compte les spécifications de jitter et les effets de la diaphonie [51].

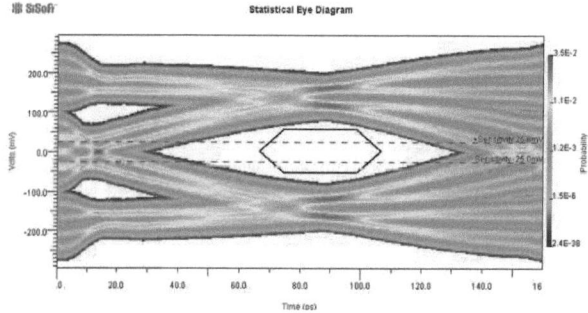

FIGURE 2.1.: Exemple de diagramme de l'oeil issu d'un calcul statistique

L'inconvénient du calcul statistique est que l'utilisateur ne peut ni imposer une suite binaire précise, ni afficher la forme de l'onde temporelle. De plus, le canal de propagation ainsi que les transceivers doivent tous être linéaires et invariants dans le temps (LTI = Linear and Time Invariant). Les circuits non-linéaires des modèles IBIS AMI tels que les égaliseurs adaptatifs et la récupération d'horloge ne fonctionneront pas ou seront supposés LTI. Nous détaillerons cela dans la partie suivante sur le choix des modèles de composants.

Le principal avantage de la simulation statistique par rapport à HSPICE est le niveau de confiance accordé à la fermeture maximale de l'oeil puisqu'il représente un nombre d'échantillons bien plus important (en théorie, une infinité).

2.2.3. Simulation en mode "bit-by-bit"

Ce type de moteur de calculs temporel permet de prendre en compte un nombre de bits bien plus important qu'avec un solveur temporel traditionnel tel que HSPICE (environ 10^6 bits/minute). Par analogie avec le mode statistique, le mode "bit-by-bit" fait la supposition que le canal est LTI mais les non linéarités des transceivers peuvent être prises en compte. Son principe de fonctionnement est le suivant : une impulsion est envoyée à l'entrée du canal de propagation puis récupérée à sa sortie. Cette phase, dite de caractérisation du canal, permet de connaître la déformation subit par le signal en traversant le médium et de la corriger avec la pré-accentuation et l'égalisation si ceux-ci sont actifs (figure 2.2). Une convolution temporelle du flot binaire émis par le Tx et la réponse impulsionnelle du canal est calculée. La deuxième phase du mode bit-by-bit consiste à superposer les échantillons résultant de la convolution. Les fronts de montée et de descente sont modulés en fonction des différentes composantes de jitter spécifiées (figure 2.3).

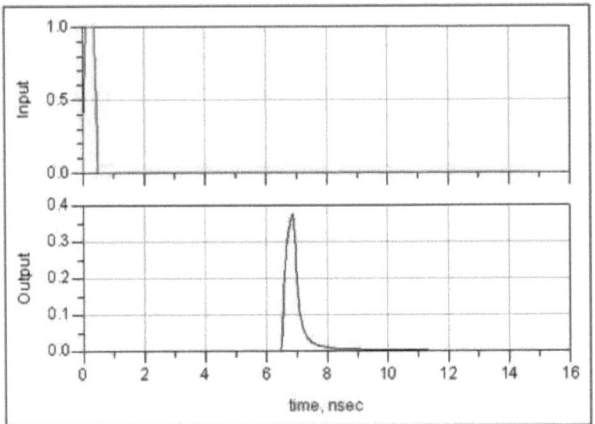

FIGURE 2.2.: Réponse du canal (output) à une impulsion (input)

Remarques :
Lorsque le nombre de bits simulés tend vers l'infini, les modes bit-by-bit et statistique donnent des résultats identiques à condition que le système soit LTI. Il faut choisir le mode statistique si des niveaux de BER très bas sont recherchés et le mode "bit-by-bit" si une réponse précise du canal à une séquence spécifique est nécessaire en tenant compte des phénomènes non linéaires.

2. Simulation d'un lien MGH

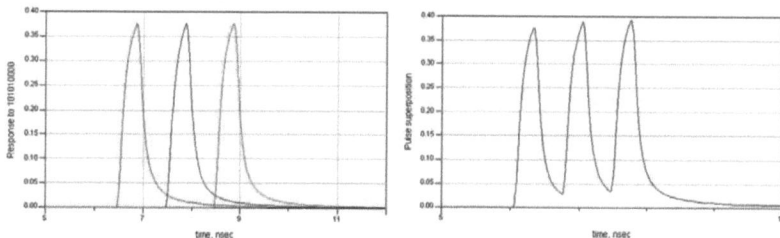

FIGURE 2.3.: Superposition du flot binaire

2.2.4. Les moteurs de calculs disponibles dans les logiciels commerciaux

Deux logiciels de simulation circuit ont été évalués : ADS 2011 de la société Agilent et Designer SI 6.0 d'ANSYS. Outre leur bonne réputation, le choix d'évaluer ces outils est qu'ils sont compatibles avec les modèles IBIS AMI que nous verrons par la suite et permettent d'importer facilement les résultats des simulations électromagnétiques réalisées par SIwave. Les moteurs de calculs disponibles dans ADS sont présentés sur le tableau 2.2.

Transient Simulator (type SPICE)	Channel Simulator mode bit à bit	Channel Simulator mode statistique
Méthode		
Lois de Kirchoff et analyse nodale modifiée pour chaque pas temporel	superposition bit à bit de la réponse indicielle	Calculs statistiques basés sur la réponse indicielle
Conditions d'application		
Canal linéaire Canal non-linéaire	Canal LTI IBIS-AMI	Canal LTI
nombre de bits fini définis par l'utilisateur		Propriétés stochastiques d'un motif de bit infini
coefficients d'égalisation fixé ou adaptatifs		Égalisation IBIS-AMI à coefficients fixes
Plancher BER pour une minute de simulation		
$\approx 10^{-3}$	$\approx 10^{-6}$	$\approx 10^{-16}$
Temps de simulation typique pour 1 mégabit		
25 heures	12 minutes	40 secondes

TABLE 2.2.: Moteurs de calculs disponibles dans ADS et leurs applications

2. Simulation d'un lien MGH

Designer SI 6.0 offre trois solveurs circuit :

- VerifEye est l'équivalent d'un solveur statistique (approximation LTI)
- QuickEye est un mixte des solveurs PDA et "bit-by-bit" en faisant l'approximation que le système est entièrement LTI.
- IBIS AMI correspond à un moteur de calculs "bit-by-bit" dans lequel les non-linéarités sont prises en compte.

Dans la suite, nous comparerons ces deux logiciels d'un point de vue ergonomie, fonctionnel et sur la véracité des résultats obtenus.

2.3. Les modèles IBIS AMI

2.3.1. Introduction

Nous avons vu dans la première partie de ce mémoire que le canal de propagation doit être modélisé correctement afin d'extraire des paramètres S les plus fidèles possibles à la réalité. Cependant, l'étude du canal seul n'est pas suffisant, il est nécessaire de réaliser une simulation du lien MGH complet, à l'aide des modèles des transceivers. C'est grâce à ces derniers que les phénomènes, tels que la diaphonie, la stabilité des alimentations ou encore le bruit thermique vont être pris en compte et analysés à l'aide du diagramme de l'oeil, du BER ou de la décomposition du jitter. Les modèles des composants doivent également intégrer les processus de pré-accentuation et d'égalisation pour les raisons expliquées précédemment.

Dans le domaine de l'intégrité du signal, deux types de modèles sont largement utilisés. Il s'agit des modèles IBIS et des modèles HSPICE. Le modèle IBIS (Input/Output Buffer Information Specification) [52], dont la première version date de 1993, est un standard décrivant le comportement analogique d'un émetteur grâce à ses caractéristiques courant/tension (I-V) et tension/temps (V-t). Les parasites du boitier (package) sont également modélisés, de même que l'impédance d'entrée du récepteur. Grâce à la modélisation comportementale du composant, les temps de simulation sont très rapides et ne souffrent pas de problème de convergence. De plus, la propriété intellectuelle des fabricants est protégée, à l'inverse des modèles SPICE non cryptés. De même, contrairement aux modèles HSPICE, les modèles IBIS sont portables d'un éditeur de logiciel de simulation à un autre. Cependant, du fait de leur comportement purement analogique, les modèles IBIS n'incluent pas les circuits de pré-accentuation, d'égalisation et de récupération de l'horloge étant, eux, numériques.

Pendant de nombreuses années, les modèles HSPICE ont été la référence pour les simulations de liens MGH car ils peuvent inclure des circuits simples de pré-accentuation et d'égalisation. En théorie, les modèles HSPICE peuvent être utilisés avec les logiciels de n'importe quels éditeurs à condition qu'ils soient cryptés avec la clé de ces derniers. En réalité, les fabricants de composants fournissaient, la plupart du temps, un unique modèle HSPICE crypté avec la clé Synopsys. Ce dernier avait donc le monopole sur l'utilisation de ces modèles. Un autre inconvénient des modèles HSPICE est leur utilisation peu intuitive et très peu ergonomique. En effet, tous les paramétrages d'une simulation doivent se faire via un fichier texte (netlist), de la description du flot binaire, au chaînage des différents modèles jusqu'au réglage des circuits de pré-accentuation et d'égalisation. Certains défauts des modèles HSPICE auraient pu être corrigés avec le temps mais si ceux-ci sont en voie de disparition, c'est pour deux raisons principales :

- **Les circuits sont de plus en plus complexes**
  Il y a quelques années, les transceivers n'étaient constitués que de circuits analogiques mais, aujourd'hui, les **SERDES** incluent un bloc logique dédié au traitement du signal nécessaire à la compensation du canal dégradant en FR4. Cela se traduit par le fait que nous passons d'un temps de calcul de quelques milliers de bits par minute pour des modèles HSPICE sans circuit logique à quelques dizaines de bits par minute pour les modèles HSPICE incluant un circuit logique composé de 10000 à 50000 transistors. Cela peut prendre des dizaines d'heures, voir plusieurs jours pour collecter suffisamment de bits pour construire un diagramme de l'oeil représentatif de la transmission.

- **Le domaine d'étude est de plus en plus large**
  Lorsque les paramètres de l'étude se résument aux caractéristiques du canal ainsi qu'à un ou deux réglages aux niveaux du Tx et du Rx, tels que le gain et les impédances de terminaison, alors l'ingénieur en intégrité du signal n'a pas besoin de lancer un grand nombre de calculs pour explorer toutes les possibilités et trouver la configuration optimale. Cependant, aujourd'hui, les transceivers Tx et Rx comptent des dizaines de paramètres à cause des nombreux circuits de traitement du signal qui ont fait leur apparition. Le concepteur devra alors réaliser des milliers de calcul pour couvrir un grand nombre de combinaisons possibles et donc, de trouver l'optimale. A cela s'ajoute le fait que des niveaux de BER extrêmement bas sont recherchés (10^{-15} et moins), des modèles et des méthodes de calcul très rapides doivent être utilisés sans sacrifier la précision des résultats.

Afin de pallier aux lacunes des modèles IBIS et HSPICE, la norme IBIS a évolué vers la version 5.0, approuvée en août 2008, pour donner naissance aux très récents modèles IBIS AMI.

2.3.2. Qu'est-ce qu'un modèle IBIS AMI ?

Le modèle IBIS AMI (Algorithmic Modeling Interface) reprend les avantages du modèle IBIS, à savoir :

- La protection de la propriété intellectuelle
- La portabilité du modèle d'un éditeur de logiciels à l'autre

2. Simulation d'un lien MGH

- L'interopérabilité : des modèles de différents fabricants peuvent être connectés entre eux
- Les performances : les calculs sont très rapides
- La flexibilité : les modèles IBIS AMI sont compatibles avec les moteurs de calcul "bit-by-bit" et statistique et s'adaptent à ceux-ci en faisant des approximations LTI lorsque cela est nécessaire

Et techniquement, un modèle IBIS AMI est composé de trois fichiers :

- le fichier *.ibs est identique aux modèles IBIS de version antérieure à la 5.0 à l'exception de quelques lignes supplémentaires pointant vers les deux autres fichiers
- le fichier *.ami décrit tous les paramètres du composant : terminaisons, pré-accentuation, égalisation, CDR, tension différentielle, etc...
- le fichier *.dll pour Windows (Dynamic Link Library) ou *.so pour Linux (Shared Object) contient la partie algorithmique du modèle, c'est-à-dire les fonctions mathématiques liées aux paramètres des circuits numériques du composant. Ce fichier est donc crypté.

La figure 2.4 est une synthèse de la chaîne des modules nécessaires à une simulation IBIS AMI : le canal passif inclut uniquement les interconnexions, le canal analogique inclut les drivers analogiques TX et RX et le canal "bout à bout" inclut les éléments algorithmiques à la chaîne.

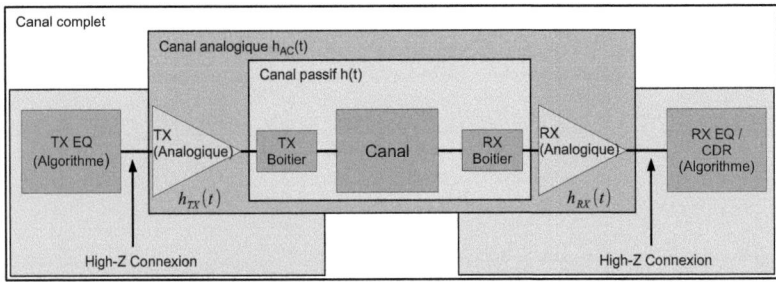

FIGURE 2.4.: Synoptique d'une simulation avec un modèle IBIS AMI

Dans le flot IBIS traditionnel, le modèle analogique spécifié dans le fichier *.ibs est résolu avec un moteur de calcul temporel de type SPICE, résolvant les équations extraites des lois de Kirchhoff. Comme nous l'avons vu, le flot IBIS AMI requiert également un fichier *.ibs mais le simulateur de canal l'utilise différemment. En effet, ce dernier envoie une impulsion traversant le modèle analogique *.ibs du Tx, puis le canal et enfin le modèle analogique *.ibs du Rx. Le simulateur va alors récupérer h_{ac}, la réponse impulsionnelle du canal. Si un élément du canal est non linéaire, il est linéarisé et l'approximation de h_{ac} est utilisée.

2. Simulation d'un lien MGH

Le fichier *.ami contient deux indicateurs indiquant la présence ou non de certaines fonctionnalités du fichier *.dll. Ces indicateurs sont appelés "Init_Returns_Impulse" et "Getwave_Exists". Le premier initialise le calcul en réservant la mémoire nécessaire et permet de faire l'approximation que Tx et/ou Rx sont LTI si la fonction "Getwave" n'existe pas. La fonction "Getwave" contient les comportements NLTV des transceivers, se trouvant majoritairement au niveau du Rx avec les égaliseurs adaptatifs et la CDR. Lors d'un calcul avec le moteur statistique, la fonction "Getwave" est inutilisée donc les coefficients des égaliseurs doivent être fixes et la CDR n'est pas prise en compte. Le document [53] explique plus en détail les calculs avec les modèles IBIS AMI en fonction des moteurs de calcul utilisés et de l'état des indicateurs présentés ci-dessus.

2.3.3. Mise en oeuvre d'une simulation IBIS AMI

La mise en place d'une simulation IBIS AMI est plutôt simple aujourd'hui en comparaison avec les simulations HSPICE. En effet, pour calculer un diagramme de l'oeil simple, il suffit souvent de relier le Tx au canal et le canal au Rx, les différents paramètres sont accessibles via l'interface graphique du logiciel utilisé. La forte valeur ajoutée d'un spécialiste de ce type de simulation se trouve dans la compréhension et la maîtrise de tout ces paramètres. C'est une des problématique importante à laquelle nous avons été confronté durant ce travail :

– A quoi correspondent-ils dans la réalité ?
– Comment choisir leur valeur ?
– Quelle méthodologie adopter pour converger rapidement vers la configuration optimale ?

Au début de cette thèse, les technologies de simulation IBIS AMI en étaient à leurs balbutiements et elles se sont vraiment développées ces derniers mois. Il a donc fallu travailler en étroite collaboration avec les éditeurs de logiciels dans le but de valider les résultats de simulation et demander l'ajout de nouvelles fonctionnalités, tout en facilitant la prise en main des outils. Cela a demandé un effort conséquent d'autant plus que très peu de modèles IBIS AMI étaient disponibles et que pour faire des corrélations avec des mesures, il fallait avoir à la fois le bon composant et son modèle. Les modèles étant dépendants du système d'exploitation sur lequel ils ont été générés, il faut faire attention aux versions 32 bits et 64 bits des fichiers *.dll. Aux difficultés liées aux outils s'ajoutent les limitations de la norme IBIS AMI. Les possibilités offertes par la simulation IBIS AMI se déverrouillent de jour en jour mais, par exemple, il n'est pas prévu aujourd'hui de mixer des modèles IBIS avec des modèles IBIS AMI dans un même calcul. Dans notre contexte d'étude de carte dense, cela s'avère très limitant puisque la diaphonie entre un lien MGH et un signal "classique" single-ended ne peut pas être simulée à moins de contourner manuellement ce problème. De la même façon, depuis seulement quelques mois, il est possible d'ajouter du jitter aux transceivers. Cela permet de compenser le fait que les phénomènes de stabilité des alimentations (ou SSN, Simultaneous Switching Noise) ne peuvent pas être simulés

2. Simulation d'un lien MGH

avec la version IBIS AMI actuelle.

2.3.4. Avenir de la norme

Malgré leurs défauts de jeunesse, les modèles IBIS AMI deviennent légitimement la référence pour les simulations d'intégrité des signaux MGH. De ce fait, de plus en plus de fabricants donnent accès aux modèles IBIS AMI de leurs composants. Cette norme est donc destinée à évoluer rapidement afin de couvrir la majorité des problématiques. Par exemple, les BIRDs 123 et 151 (Buffer Issue Resolution Documents) intégrés à la version 5.1 de la norme permettent d'inclure différents types de jitter aux modèles tels que le DCD, le PJ et le RJ. Les BIRDs 116-118 permettront d'intégrer le package d'un composant directement dans le modèle IBIS AMI sous forme de paramètres S. Plus important encore, le BIRD 147 ratifié pour la version 6.0 donnera la possibilité que le Rx communique avec le Tx afin que ce dernier optimise sa pré-accentuation / dés-accentuation (figure 2.5). Ce processus, appelé "backchannel", sera intégré aux protocoles de certains liens MGH tels que le PCI Express 3.0 et le 10 GBASE-KR. Concernant les simulations d'intégrité de puissance avec les modèles IBIS AMI, rien de très concret n'a encore été défini.

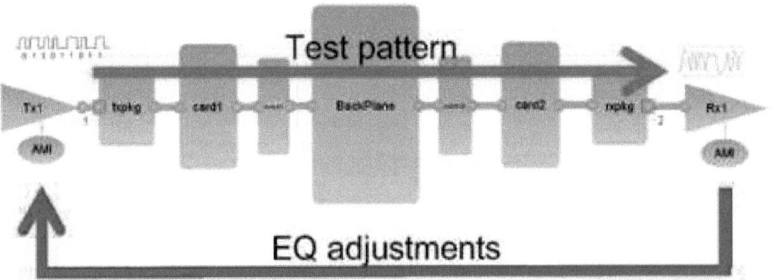

FIGURE 2.5.: Communication "Backchannel"

2.4. Comparaison d'ADS 2011 et de Designer SI 6.0

Pour les raisons expliquées précédemment, ADS 2011 et Designer SI 6.0 ont été sélectionnés afin de les évaluer. Dans un premier temps, nous nous concentrerons sur leur ergonomie et leur aspect fonctionnel puis nous constaterons la véracité des résultats sur un exemple simple.

2. Simulation d'un lien MGH

2.4.1. Étude fonctionnelle des deux logiciels

Présentation d'ADS 2011

Depuis plusieurs années, ADS est le leader de la simulation circuit. Dans un premier temps, le logiciel s'est spécialisé dans les domaines RF et hyperfréquences puis s'est rapidement positionné sur les simulations d'intégrité du signal et plus spécifiquement sur les problématiques de liens séries rapides. Le principe d'ADS est le suivant : après avoir créé un projet, l'utilisateur ouvre une fenêtre de schématique vierge. Il va pouvoir placer dans cette dernière les modèles de composants présents dans l'outil ou fournis par leur fabricant, les moteurs de calculs, des modules d'optimisation ou encore des données extérieures sous formes de fichiers textes (figure 2.6). ADS est un outil très puissant et relativement facile à prendre en main car assez intuitif. En effet, les éléments sont classés dans les librairies par types de simulation. Les éléments les plus utilisés pour les études de post-routage d'intégrité du signal sont principalement répartis dans trois librairies :

- "Simulation-ChannelSim"
- "Data Items"
- "Optim/Stat/DOE"

La librairie "Simulation-ChannelSim" donne accès au bloc ChannelSim contenant les moteurs de calculs "bit-by-bit" et statistique. Dans cette librairie, nous trouvons également les blocs des transceivers qui peuvent être génériques ou IBIS AMI. Les modèles génériques sont très pratiques puisqu'ils permettent de réaliser rapidement des simulations préliminaires même si le modèle du composant n'est pas disponible. Quant aux modèles IBIS AMI, ils sont paramétrables via une interface graphique ergonomique (figure 2.7). La librairie "Data Items" offre la possibilité de travailler avec des fichiers de données provenant d'un éditeur tiers. Ainsi, les résultats du calcul électromagnétique issus de SIwave est importé sous forme d'un fichier de paramètres S (format Touchstone) contenant de 1 à 99 ports.

Une fois le calcul terminé, une fenêtre vierge "Data Display" s'ouvre. L'utilisation de blocs est ici aussi de rigueur. Nous trouvons des blocs permettant d'afficher des courbes, des données ou de définir des équations. Ainsi, diagramme de l'oeil, forme d'onde, jitter, BER et autres données peuvent être visualisés. Cette méthode de post-traitement à l'avantage de donner une totale liberté à l'utilisateur mais elle peut s'avérer fastidieuse car entièrement manuelle. D'une façon générale, nous pouvons dire qu'ADS répond à notre besoin fonctionnel.

Présentation de Designer SI 6.0

Contrairement à ADS, Designer SI est un logiciel relativement nouveau développé par la société Ansoft lors de son rachat par le groupe ANSYS. Comme son nom l'indique, Designer SI est exclusivement dédié aux études d'intégrité du signal dans le domaine de

2. Simulation d'un lien MGH

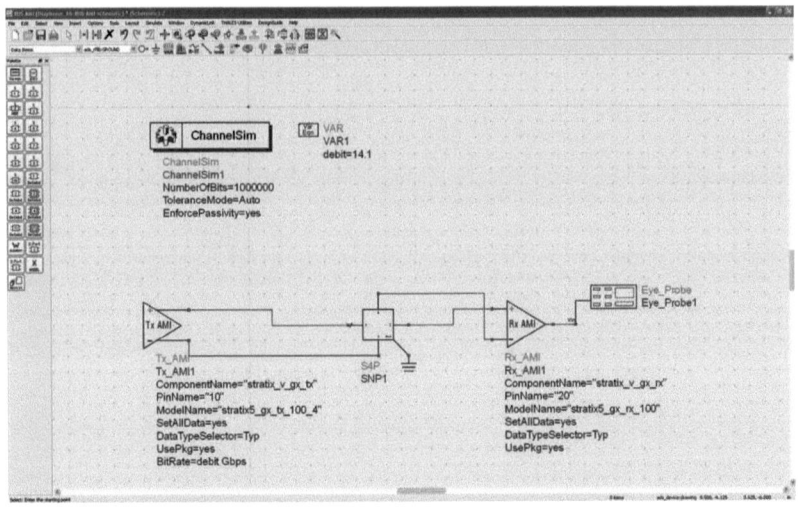

FIGURE 2.6.: Fenêtre principale d'ADS permettant de faire de la schématique

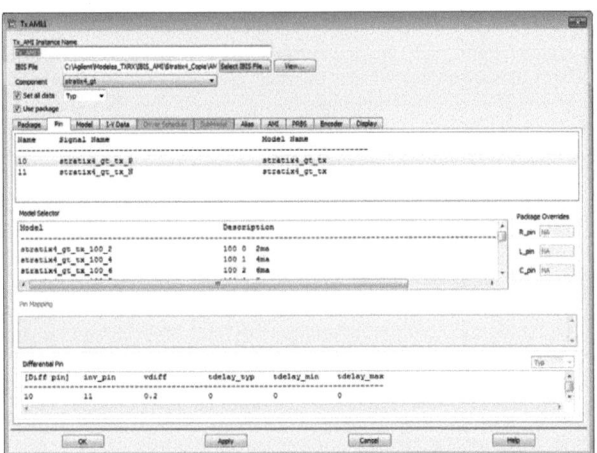

FIGURE 2.7.: Fenêtre de configuration des modèles IBIS AMI dans ADS

2. Simulation d'un lien MGH

l'électronique numérique. Son principal avantage par rapport à ADS est qu'il est totalement compatible avec SIwave du même éditeur. Cela permettra d'éviter les manipulations de fichiers de paramètres S entre les deux outils. En effet, il existe un lien dynamique entre SIwave et Designer SI offrant, par exemple, la possibilité de visualiser le rayonnement en champs proches ou en champs lointains de la carte en réponse à l'excitation d'un modèle IBIS. En ce qui concerne l'utilisation générale de Designer SI, elle se révèle assez facile d'accès puisqu'il suffit de relier les composants, sous forme de blocs, entre eux. Les moteurs de calculs présentés précédemment sont à choisir dans la fenêtre "Project Manager" (figure 2.8). De façon analogue à ADS, le calcul terminé, le diagramme de l'oeil, la forme d'onde, le jitter peuvent être visualisés et édités dans un fichier au format pdf. D'après nos essais, les outils de post-traitement sont plus simples à utiliser que ceux présents dans ADS.

Concernant la prise en compte des modèles IBIS AMI, Designer SI répond à ce besoin mais l'interface de paramétrage est sommaire et il manque les informations sur la pré-accentuation et l'égalisation, et dans la version que nous avons évaluée, l'utilisateur doit travailler directement sur les netlists (figure 2.9). Cependant, ce défaut majeur a été rapidement corrigé dans la version suivante du logiciel.

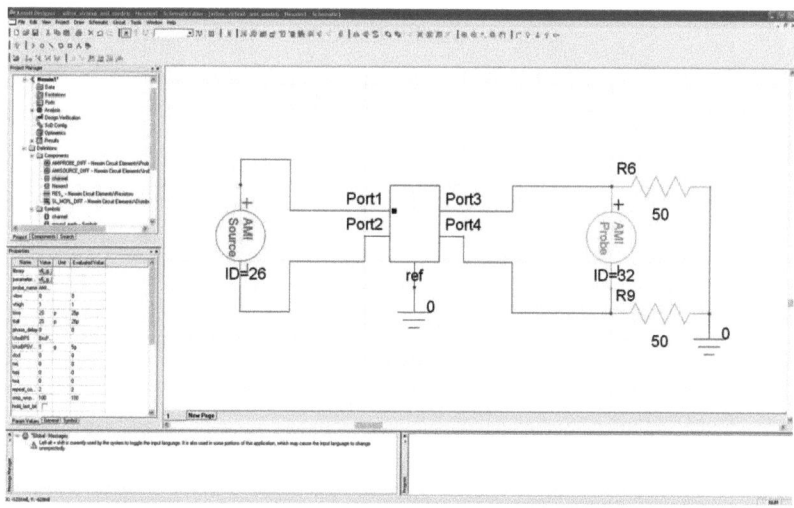

FIGURE 2.8.: Fenêtre principale de Designer SI destinée à la schématique

2. Simulation d'un lien MGH

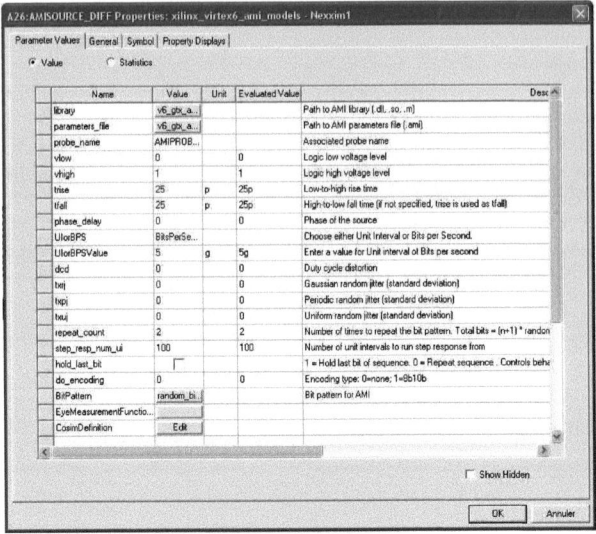

FIGURE 2.9.: Fenêtre de configuration des modèles IBIS AMI dans Designer SI

Synthèse

Sur l'aspect fonctionnel, Designer SI et ADS répondent à nos besoins bien que chaque outil a ses forces et ses faiblesses. La différenciation de ces deux outils va surtout se faire sur la capacité de leurs moteurs de simulation à donner des résultats proches de la mesure, ainsi que sur les temps de mise en oeuvre et de simulation.

2.4.2. Résultats donnés par ADS et Designer SI

Contexte de l'étude

Afin de comparer les performances de ces deux outils, les mesures ont été effectuées sur une carte d'évaluation d'Altera comprenant un FPGA Stratix IV GT (figure 2.10). L'étude se porte sur la paire différentielle nommée GXB2_TX1 (figure 2.11) car elle est suffisamment longue (15 inch soit 37 cm) pour visualiser un oeil quasiment fermé à 11.3 Gbps. La comparaison des simulations et des mesures est limitée par le fait que :

– La sortie de Rx est indisponible donc les effets de l'égalisation et du circuit de récupération d'horloge ne peuvent pas être mesurés alors qu'ils sont pris en compte dans les simulations

2. Simulation d'un lien MGH

- Les connecteurs SMA et les câbles reliant la paire différentielle à l'oscilloscope (Tektronix DSA 72004 20 GHz 50 GS/sec) ne sont pas modélisés. Les câbles présentent une atténuation d'environ 1 dB à 18 GHz, nous considérons donc leur impact comme négligeable.
- La sonde différentielle utilisée (Tektronix P7313 SMA) a une bande passante certifiée de 13 GHz. N'étant pas coupe-bande au delà, il est difficile de connaître de façon précise son impact sur la mesure mais cette bande de fréquence est suffisante pour obtenir la précision souhaitée.

FIGURE 2.10.: Configuration de la mesure

Les paramètres S de la paire différentielle GXB2_TX1 ont été extraits avec le logiciel SIwave sur la bande 0-13 GHz afin d'être en accord avec la bande passante de la sonde différentielle utilisée en mesure.

Concernant le paramétrage des simulations, aucun codage n'est utilisé, la tension différentielle émise par l'émetteur est de 1V avec un PRBS7. Plus spécifiquement, les logiciels sont réglés comme suit :

- ADS est utilisé pour la simulation du modèle HSPICE du Stratix IV GT, ce dernier étant crypté avec la clé Agilent. L'oeil est calculé avec 1000 bits.
- ADS 2011 et Designer SI 7.0 preview 3 sont utilisés pour les simulations du modèle IBIS AMI avec le moteur de calcul "bit-by-bit" pour 10^6 bits.

2. Simulation d'un lien MGH

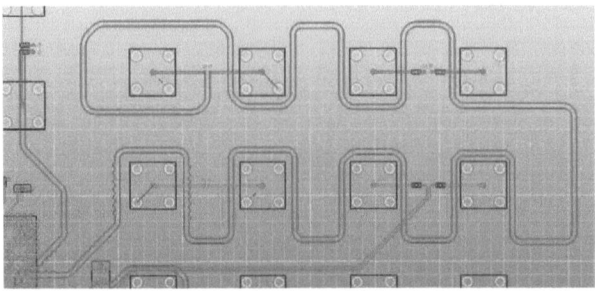

FIGURE 2.11.: Paire différentielle GXB2_TX1 étudiée (en rouge)

Résultats de l'étude

Les diagrammes de l'oeil obtenus par la mesure et la simulation avec les différents outils sont montrés sur la figure 2.12. L'ouverture de l'oeil calculé par HSPICE ainsi que celui calculé par ADS offrent une très bonne corrélation avec la mesure tandis que l'oeil issu de Designer SI est totalement erroné. Ce dernier résultat est étonnant mais la configuration de la simulation a été revue par le support ANSYS et un problème au niveau du moteur de calcul a bien été détecté. Il semblerait que ce problème ait été résolu depuis, cependant nous n'avons pas eu le temps de relancer une étude avec une version fonctionnelle du moteur de calcul.

Synthèse

Cette partie nous montre que, pour les simulations de liens MGH, ADS 2011 nous permet de travailler avec une ergonomie appréciable et que les résultats fournis sont comparables aux résultats obtenus en mesures. En ce qui concerne le logiciel Designer SI 6.0, l'ergonomie est en retrait, surtout pour l'utilisation des modèles IBIS AMI, et les résultats obtenus en simulation ne sont pas concluants dans cette version. De plus, certaines fonctionnalités d'ADS sont particulièrement intéressantes, comme la présence d'algorithmes d'optimisation, ainsi que l'existence d'une librairie conséquente de composants particulièrement bien modélisés. Cela nous sera utile dans la phase de dimensionnement du système lors du pré-routage (nous y reviendrons dans le dernier chapitre de ce mémoire). Nous avons donc décidé de continuer nos études en utilisant le logiciel ADS : la partie suivante est consacrée à la validation du logiciel ADS et des modèles IBIS AMI en étudiant plusieurs cas dans lesquels les processus de pré-accentuation et d'égalisation sont pris en compte.

2. Simulation d'un lien MGH

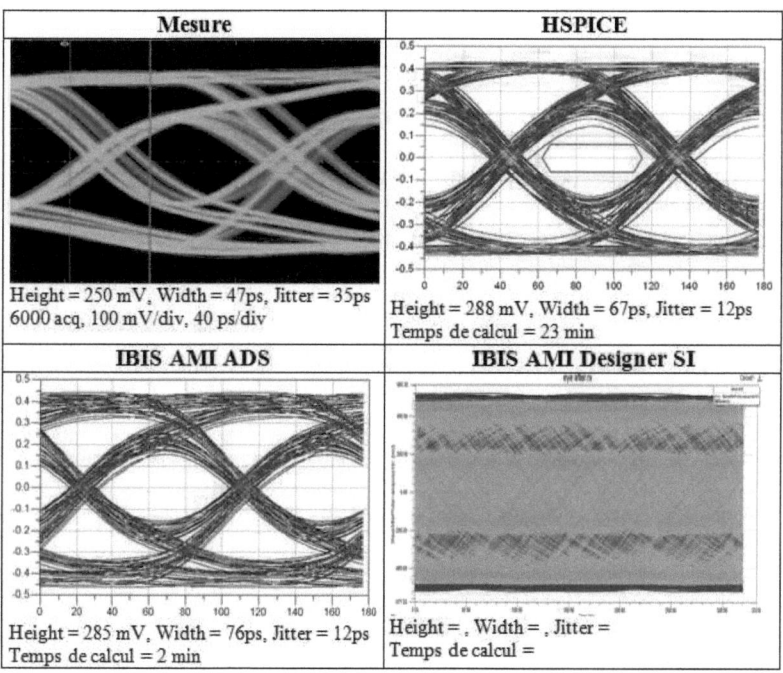

FIGURE 2.12.: Diagrammes de l'oeil de GXB2_TX1 à 6.25 Gbps

3. Mise en place des processus de pré-accentuation et d'égalisation

3.1. Optimisation des coefficients

Les processus de pré-accentuation et d'égalisation sont essentiels pour assurer l'intégrité des signaux MGH se propageant sur des canaux dégradants. Cependant, un réglage inapproprié de leurs paramètres peut conduire à empirer la qualité de la transmission. Il est donc très important de trouver un moyen d'optimiser ces paramètres. Pour cela, la solution la plus simple serait de balayer toutes les combinaisons de paramètres possibles et de trouver la meilleure configuration en dépouillant les résultats. Cependant, le nombre de combinaisons peut être très important : à titre d'exemple, le FPGA Stratix IV d'Altera ne possède pas moins de 2700 combinaisons uniques rien que sur le Tx à une tension différentielle donnée. A cela s'ajoute les 1200 combinaisons du Rx [45]. Des outils et/ou des méthodologies doivent donc être mis en place afin de trouver le point de fonctionnement optimum du système en un minimum de temps. Dans le logiciel ADS, nous avons à disposition des modèles génériques Tx et Rx capables de calculer en quelques secondes, les coefficients optimums de différents types d'égaliseurs (CTLE, FFE, DFE). Cependant, il est très difficile voir impossible de relier les coefficients calculés par les modèles génériques avec les paramètres des composants existants. De plus, il existe une différence notable entre les DFE génériques et les égaliseurs adaptatifs réellement implantés dans les composants [45]. Trois méthodes d'optimisation de la pré-accentuation et de l'égalisation sont proposées ci-dessous.

3.1.1. Un outil fourni par le fabricant du FPGA

La première méthode proposée est basée sur l'utilisation des outils distribués par les fabricants de FPGA. Prenons le cas de l'outil PELE (Pre-emphasis and Equalization Link Estimator) proposé par le fabricant Altera. En entrée, l'outil PELE a besoin du fichier de paramètres S décrivant le canal à corriger et d'un fichier texte dans lequel les informations relatives à la valeur de la tension de sortie du Tx, au débit, à l'activation ou non des différents types d'égaliseurs, au chemin pointant vers le fichier de paramètres S, etc sont renseignées. Lorsque les données d'entrée sont prêtes, il suffit d'exécuter le logiciel, qui nécessite l'installation préalable d'une version de MCR (Matlab Complier Runtime) compatible. Après quelques minutes, la configuration optimale associée à l'ouverture de l'oeil correspondante est disponible dans un fichier texte. Les coefficients calculés peuvent ensuite être réutilisés pour des calculs complémentaires avec les modèles IBIS AMI dans ADS par exemple.

3. Mise en place des processus de pré-accentuation et d'égalisation

PELE a pour avantage d'être rapide à mettre en oeuvre et à donner des résultats satisfaisants. En contre partie, l'utilisateur doit faire une demande au support en ligne d'Altera pour l'obtenir. Généralement, lorsque l'outil est disponible, la réponse peut arriver en moins de 24h. Cependant, que faire si PELE n'est pas disponible ? Comment procéder avec les autres fabricants de composants ?

3.1.2. Égalisation adaptative

Il est prévu dans la norme IBIS AMI que la fonction "Getwave" renvoie un fichier texte contenant des informations sur le déroulement du calcul. Parmi celles-ci, nous pouvons y trouver les valeurs des "taps" vers lesquels les égaliseurs adaptatifs ont convergé. Le problème est que cette fonction n'est pas toujours implémenté dans le modèle IBIS AMI, surtout pour les composants venant d'arriver sur le marché. Un deuxième inconvénient est que, sur certains composants, les algorithmes adaptatifs ne fonctionnent pas au débit maximum autorisé sur le composant. Une méthode permettant de trouver et de fixer les coefficients optimaux des processus de pré-accentuation et d'égalisation doit donc être définie. Celle-ci doit fonctionner pour tous les débits et tous les modèles IBIS AMI, quelque soit le fournisseur.

3.1.3. Méthodologie d'optimisation des coefficients

Une méthodologie a été développée dans ADS afin de converger le plus rapidement possible vers la solution optimale. ADS propose différents algorithmes d'optimisation (aléatoire, quasi-newton, génétique, etc...) utilisables dans une interface spécifique. Cette dernière permet de configurer et de suivre en temps réel l'optimisation (figure 3.1). Sur la figure 3.1, nous voyons que les variables "tap1", "tap2" et "tap3" sont en cours d'optimisation. Dans la partie droite de l'interface, nous pouvons avoir des informations sur le déroulement du calcul comme la convergence vers le résultat souhaité (goals). Dans l'exemple, l'objectif est d'atteindre une ouverture minimale sur la hauteur (height) et la largeur (width) de l'oeil. La valeur de cette ouverture d'oeil a été définie par l'utilisateur dans la fenêtre schématique d'ADS (figure 3.2). La figure 3.2 montre les blocs nécessaires au calcul des coefficients optimaux. Dans les deux blocs "Goal", la hauteur et la largeur de l'oeil sont définies. Leur valeur ont été choisie à partir des spécifications du récepteur auxquelles une marge a été ajoutée. Quatre blocs de variables ont également été placés dans la fenêtre schématique. Le premier de ces blocs contient les variables liées à la configuration globale de la simulation comme le débit, l'ouverture de l'oeil associée à la marge, etc... Dans les trois autres blocs se trouvent les variables de pré-accentuation et d'égalisations analogique (CTLE) et numérique (DFE) extraites des modèles IBIS AMI des composants utilisés (Stratix V). Avec le bloc "OPTIM" et les bloc de variables, des calculs paramétrés peuvent être lancés.

3. Mise en place des processus de pré-accentuation et d'égalisation

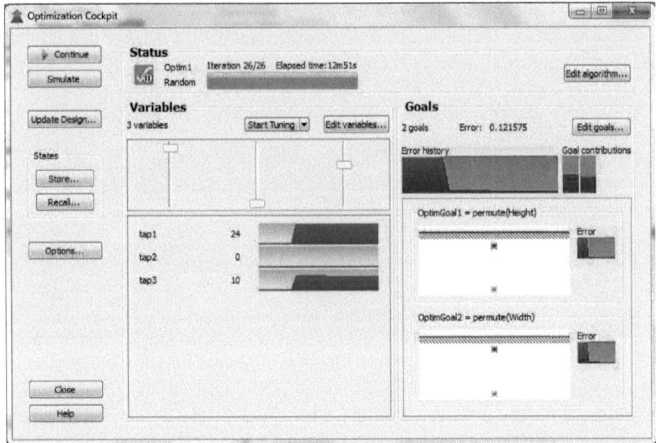

FIGURE 3.1.: Interface de supervision de l'optimisation dans ADS

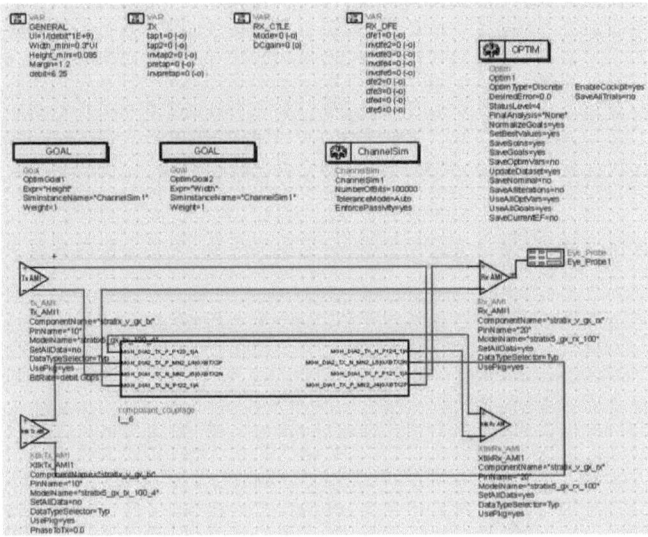

FIGURE 3.2.: Configuration de l'optimisation dans la fenêtre schématique d'ADS

3. Mise en place des processus de pré-accentuation et d'égalisation

Dans la méthodologie d'optimisation des coefficients développée à THALES, l'algorithme retenu est celui appelé "Discrete". Il consiste simplement à balayer les paramètres entre une valeur minimale et une valeur maximale pour un pas donné. Cet algorithme très simple possède les avantages de laisser une liberté totale à l'ingénieur IS et de converger rapidement vers l'optimum à condition que les paramètres soient optimisés dans le bon ordre. Il faut également jouer sur l'efficacité de chacun des moteurs de calcul statistique et "bit-by-bit" et préférer optimiser le côté Rx en premier afin d'éviter les problèmes de diaphonie pouvant être engendrés par la pré-accentuation. La méthodologie globale d'optimisation des processus de pré-accentuation et d'égalisation est donnée sur la figure 3.3.

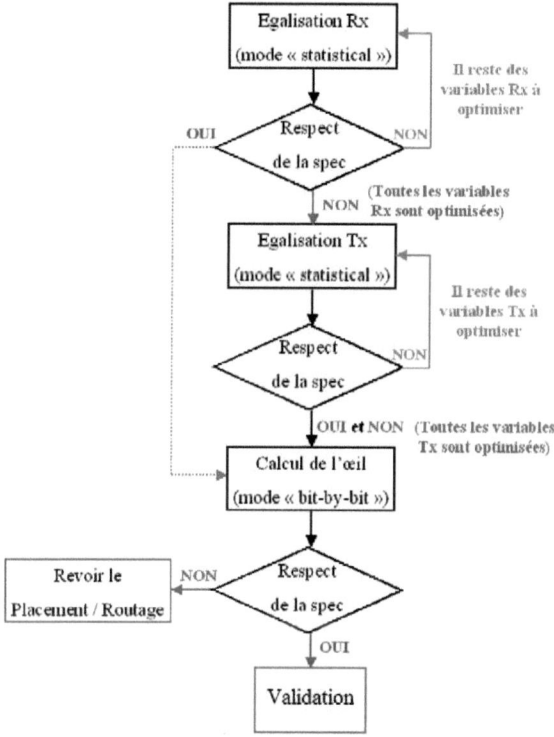

FIGURE 3.3.: Méthodologie d'optimisation de la pré-accentuation et de l'égalisation

3. Mise en place des processus de pré-accentuation et d'égalisation

3.2. Exemples de l'effet de l'égalisation sur un cas réel

3.2.1. Présentation de la topologie étudiée

Les diagrammes de l'oeil ont été mesurés avec un oscilloscope Agilent temps réel ayant 33 GHz de bande passante (DSAX93204A Infiniium) sur un véhicule de test conçu lors d'une précédente thèse à THALES (figure 3.4) [7]. Le stackup du véhicule de test, aussi appelé VTIS 2008, est composé de 12 couches dont 2 en technologie microvias. La figure 2.10) montre la partie du stackup qui nous intéresse dans ce cas d'étude, de la couche TOP à la couche 5 où se trouve le plan de masse.

FIGURE 3.4.: Véhicule de test conçu à THALES

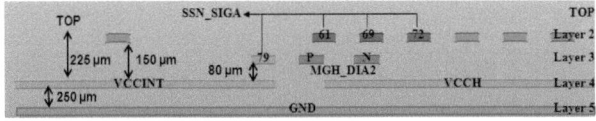

FIGURE 3.5.: Les cinq premières couches du VTIS 2008

Le diagramme de l'oeil du lien MGH-DIA2 (en rouge sur la figure 3.6) est observé avec différents traitements du signal. Les caractéristiques de MGH-DIA2 sont les suivantes :

– Longueur : 190 mm

3. Mise en place des processus de pré-accentuation et d'égalisation

- Largeur : $w = 130\mu m$
- Espacement des canaux P et N : $s = 150\mu m$
- Routée majoritairement en microstrip enterrée (couche 3)
- Terminaisons différentielles Tx et Rx : 100Ω
- L'émetteur est le FPGA (Stratix II GX) situé à droite de la carte et est appelé "MN2". Les mesures sur ce lien sont effectuées sur les deux connecteurs SMA en bas de la carte.

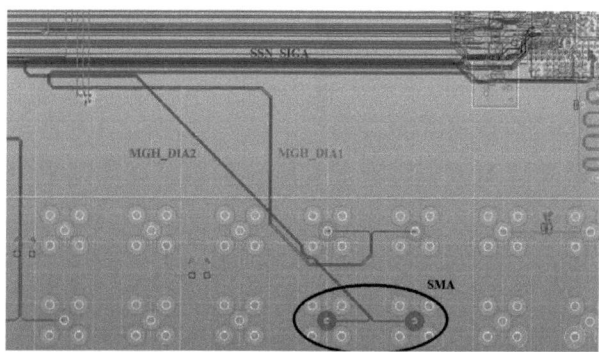

FIGURE 3.6.: Topologie étudiée

3.2.2. Mise en données des simulations

La géométrie de la carte est exportée d'Allegro vers SIwave puis, le canal extrait de DC à 20 GHz est importé dans ADS 2011 afin de réaliser les simulations circuits. Le modèle IBIS AMI du Stratix II n'étant pas disponible, les modèles de transceivers génériques disponibles dans les librairies du logiciel sont utilisés et paramétrés comme suit :

- Tension différentielle : 800 mV
- Débit : 5 Gbps
- Temps de montée : 50 ps
- Terminaisons différentielles Tx et Rx : 100Ω
- Séquence binaire : PRBS7 ou 8b10b sur 100000 bits

3.2.3. Calcul des diagrammes de l'oeil

Sans codage, sans égalisation

La figure 3.7 montre un très bon niveau de corrélation entre la simulation et la mesure du diagramme de l'oeil de MGH-DIA2 fonctionnant à 5 Gbps sans codage ni égalisation

3. Mise en place des processus de pré-accentuation et d'égalisation

(hauteur de l'oeil proche de 120 mV et largeur proche de 100 ps). Cela nous indique que les modèles génériques sont représentatifs du fonctionnement des transceivers réels.

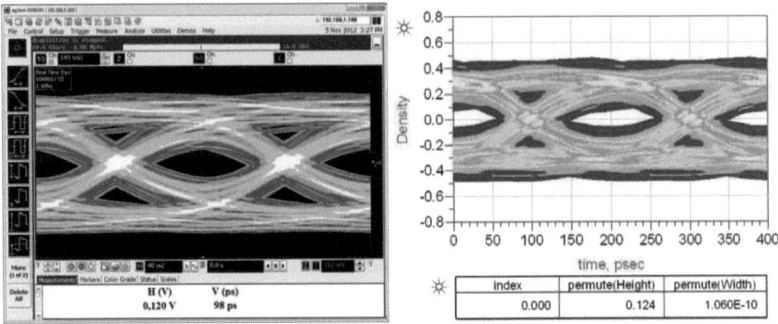

FIGURE 3.7.: Oeil de MGH-DIA2 à 5 Gbps sans codage et sans égalisation. Mesure à gauche, simulation à droite.

Avec codage, sans égalisation

Lorsque les données émises par le FPGA sur MGH-DIA2 sont codées en 8b10b alors la corrélation entre la simulation et la mesure reste très bonne (figure 3.8). De plus, nous remarquons que l'ouverture a été significativement améliorée par rapport au cas sans codage, ce qui est cohérent avec ce qui a été défini chapitre 3.2.

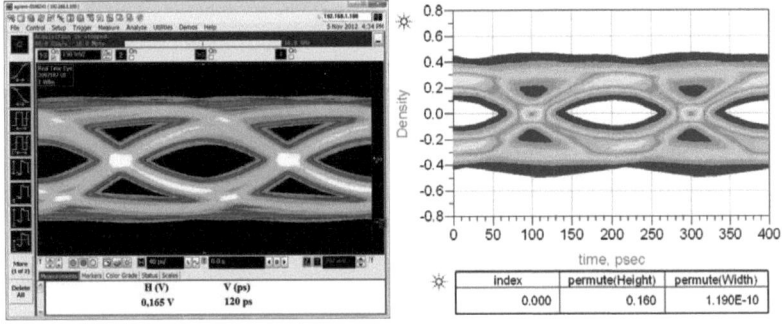

FIGURE 3.8.: Oeil de MGH-DIA2 à 5 Gbps avec codage 8b10b et sans égalisation. Mesure à gauche, simulation à droite.

3. Mise en place des processus de pré-accentuation et d'égalisation

Sans codage, avec égalisation FFE

Lors de la mesure d'un diagramme de l'oeil, l'oscilloscope est capable de calculer en temps réel les coefficients d'égaliseurs CTLE, FFE et DFE. Dans ce cas d'étude, nous avons utilisé un égaliseur FFE seul dont les 2 post-taps calculés sont : tap0 = 1,427 et tap1 = -0,427. Ces mêmes coefficients ont été implantés dans l'égaliseur du modèle générique dans ADS. D'après la figure 3.9, l'oeil calculé par ADS est plus optimiste que celui mesuré à l'oscilloscope. Cela peut s'expliquer par le fait que le jitter n'est peut-être pas dû aux mêmes phénomènes. Or, comme l'égalisation élimine principalement les Interférences Entre Symboles (ou ISI), si un cas présente plus de RJ et moins d'ISI que l'autre alors sa capacité à être corrigé par l'égalisation diminue. La version actuelle du firmware de l'oscilloscope ne calculant pas la décomposition du jitter des signaux égalisés, nous n'avons pas pu vérifier cette hypothèse. Les coefficients de l'égaliseur FFE ont été également calculés par le modèle générique pour donner : tap0 = 0.939029 et tap1 = -0.189802. Ces coefficients sont plus faibles que ceux utilisés précédemment et l'oeil obtenu est moins ouvert (figure 3.10).

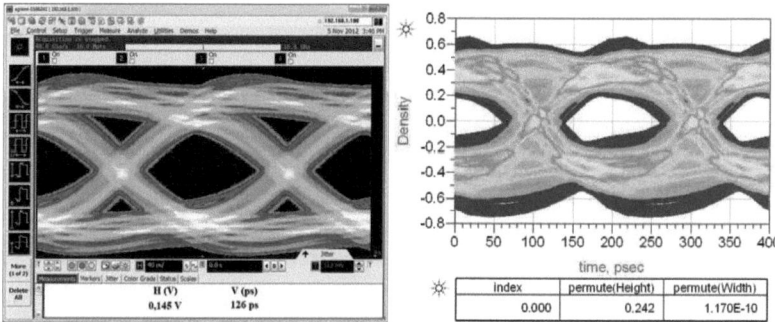

FIGURE 3.9.: Oeil de MGH-DIA2 à 5 Gbps sans codage, avec égalisation FFE calculée par l'oscilloscope. Mesure à gauche, simulation à droite.

3. Mise en place des processus de pré-accentuation et d'égalisation

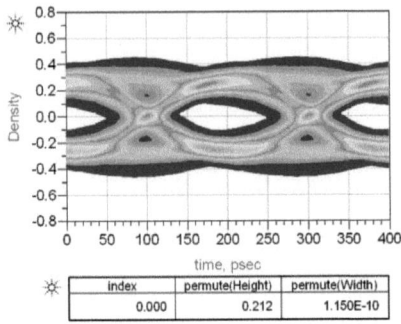

FIGURE 3.10.: Oeil simulé de MGH-DIA2 à 5 Gbps sans codage, avec égalisation FFE calculée par ADS.

Sans codage, avec égalisation FFE + DFE

Une égalisation DFE a été ajoutée au cas précédent. Les coefficients recalculés par l'oscilloscope sont présentés dans le tableau 3.1.

	Tap0	Tap1	Tap2	Tap3
FFE	1,425	-0,425		
DFE	0,250	0,044	0,041	0,034

TABLE 3.1.: Coefficients des FFE et DFE calculés par l'oscilloscope

Les diagrammes de l'oeil mesuré et simulé correspondant sont présentés figure 3.11. L'oeil obtenu par la simulation en utilisant les coefficients calculés par l'oscilloscope n'a pas du tout la même allure que l'oeil mesuré. Ces deux résultats sont de plus assez différents des résultats précédents et nous pensons qu'ils ne correspondent pas à une transmission valide : la méthode de calcul des coefficients par l'oscilloscope dans ce cas ne semble pas valide. Comme précédemment, nous pouvons faire l'hypothèse que les jitters mesuré et simulé ne sont pas composés de la même façon. La figure 3.12 représente l'oeil simulé lorsque ADS calcule ses propres coefficients (tableau 3.2), dont l' allure est en accord avec les diagrammes mesurés dans les résultats précédents.

Nous remarquons que les coefficients du DFE sont quasi nuls ce qui explique que l'oeil est sensiblement le même que celui du cas précédent pourvu seulement d'un FFE. Lorsque la décomposition du jitter sera disponible pour ce type de scénario, alors il sera possible de comprendre ce que le DFE a corrigé dans le cas mesuré et pourquoi son effet est nul dans le cas simulé.

3. Mise en place des processus de pré-accentuation et d'égalisation

	Tap0	Tap1	Tap2	Tap3
FFE	0.870	-0.130		
DFE	-0.016	-0.010	0.005	0.001

TABLE 3.2.: Coefficients des FFE et DFE calculés par les modèles génériques

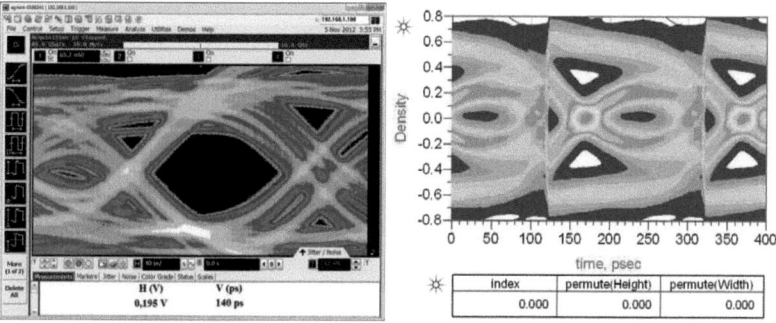

FIGURE 3.11.: Oeil de MGH-DIA2 à 5 Gbps sans codage, avec égalisations FFE et DFE calculées par l'oscilloscope. Mesure à gauche, simulation à droite.

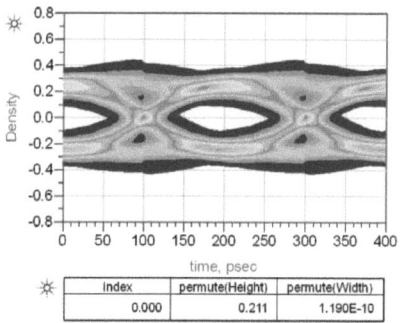

FIGURE 3.12.: Oeil simulé de MGH-DIA2 à 5 Gbps sans codage, avec égalisations FFE et DFE calculées par ADS.

3.2.4. Conclusion

Les scénarios étudiés ont permis de dérouler le flot de simulation d'Allegro à ADS et de valider le comportement des modèles de transceivers génériques pour les cas simples, sans égalisation. Pour des études futures, il sera intéressant de comparer les simulations utilisant

3. Mise en place des processus de pré-accentuation et d'égalisation

des modèles IBIS AMI avec des mesures dans lesquelles l'oeil et le BER pourront être prélevés directement à la sortie des égaliseurs des composants. En effet, cette fonctionnalité est maintenant présente sur les FPGA haut de gamme de Xilinx (Eye Scan) et d'Altera (EyeQ).

4. Conclusion partielle

Cette partie nous a permis de présenter l'ensemble des solutions retenues pour simuler le comportement des liens MGH. La prise en compte lors des simulations des processus de pré-accentuation et d'égalisation implantés dans les composants actuels demande en effet la mise en oeuvre et la validation d'outils très récents et encore en pleine évolution. En permettant de mixer l'utilisation de blocs dédiés à la partie traitement du signal avec des blocs de type paramètres S dédié à la caractérisation du canal, la norme IBIS AMI définie la voie à suivre pour réaliser ces simulations.

– Le choix d'un simulateur compatible IBIS AMI est la première étape à franchir : nous avons choisi le logiciel ADS après une étude préliminaire d'une part parce qu'il proposait un bon respect de la norme, mais également des fonctionnalités supplémentaires et des modèles génériques, et ensuite parce que les résultats obtenus étaient cohérents.

– L'obtention des modèles de composants IBIS AMI est une deuxième étape. S'ils sont disponibles pour les composants les plus récents, ils n'existent pas pour les générations précédentes (et ils ne seront probablement pas développés, mais des modèles HSPICE existent). Il faut alors utiliser des modèles IBIS AMI génériques d'émetteurs et de récepteurs. Les modèles IBIS AMI sont en effet du type "boite noire" pour protéger les algorithmes implantés par les fabricants, ce qui limite de fait la connaissance que peut en avoir l'utilisateur.

– Cela permet la transition vers la troisième étape, qui est le paramétrage correct de ces modèles et le calcul des coefficients à implanter pour optimiser la qualité de la transmission. La solution consistant à utiliser un outils fourni par le fabricant n'est pas satisfaisante car elle restreint beaucoup les possibilités de l'utilisateur. L'optimisation des paramètres par l'outil de simulation parait être une meilleure solution mais il reste encore du travail pour avoir un outils performant quel que soit le modèle utilisé par le fabriquant de circuits intégrés.

– Enfin, la dernière étape concerne la mesure des signaux en différents points de la liaison MGH. Même si l'on s'éloigne un peu de la simulation, la question de la validation des résultats obtenus est essentielle. D'autre part, c'est une nécessité si nous voulons détecter l'origine des défauts d'une liaison afin de l'améliorer. L'analyse de la décomposition du jitter nous semble être un outil essentiel pour y parvenir. La mise en oeuvre des outils de mesure reste encore à étudier.

Une des limitations identifiée de la norme IBIS AMI actuelle est l'impossibilité de prendre en compte le bruit introduit par les alimentations sur le comportement des émetteurs et des récepteurs. Nous pouvons cependant mettre en oeuvre le flot complet des simulations dédiées à l'intégrité du signal des liens MGH et présenter dans la partie suivante des études de cas complètes et des analyses détaillées.

Quatrième partie.
Conception des liens MGH

Nous avons défini dans les parties précédentes les moyens nécessaires pour étudier en simulation et qualifier une liaison série rapide. Des premiers résultats ont été présentés dans le cas d'une liaison isolée (émetteur - canal - récepteur). Cependant, la validation des résultats de simulation obtenus en étudiant un lien seul ne suffit pas à garantir son bon fonctionnement dans son environnement. Cela est particulièrement vrai dans le cas de cartes à haute densité d'intégration où les contraintes de densité de signaux peuvent amener les concepteurs à réduire les distances entre les pistes. L'étude de la diaphonie pour les liens MGH est donc fondamentale, d'autant plus que les erreurs provoquées par diaphonie ne peuvent pas être corrigées par la pré-accentuation ou l'égalisation : si la qualité d'une liaison MGH est dégradée par de la diaphonie, c'est le routage de la carte qui est en cause. D'un autre coté, la spécification de marges de sécurité trop importantes (sur-qualité) n'est pas acceptable non plus car elle va à l'encontre des objectifs de forte densification. Il faut donc être capable de spécifier précisément les contraintes et la méthodologie pour arriver au meilleur compromis. L'étude de la diaphonie dans le cas des liens MGH répond donc à plusieurs objectifs :

- vérifier la qualité de la transmission sur le lien MGH en tenant compte des signaux environnants et de la diaphonie,
- spécifier des contraintes de routage en fonction de la longueur de la liaison, de son débit et des contraintes d'intégration,
- définir une méthodologie pour concevoir, tester et valider un lien MGH en tenant compte des risques de diaphonie.

Dans ce chapitre, une première partie est consacrée à l'étude menée sur la diaphonie. Cette étude traite d'une part la diaphonie entre liaisons différentielles et d'autre part la diaphonie provoquée par une piste single-ended sur une paire différentielle. La diaphonie est évaluée en simulation en fonction de la longueur du couplage, des débits, de la position de la piste victime et de la position relative des pistes agresseurs. La seconde partie propose une synthèse sur l'ensemble des éléments de la conception des liens MGH, avec une comparaison sur des simulations pré-routage et post-routage d'une part, et avec des résultats de mesure d'autre part. Elle aboutira à la proposition de règles et de méthodologies à mettre en place pour l'étude des liens MGH.

1. Mise en place de scénarios de diaphonie

1.1. Introduction

Les parties précédentes ont montrées que la diaphonie ne peut pas être corrigée à l'aide des processus d'égalisation, alors même que le contexte de cartes denses et complexes implique une forte probabilité de trouver des couplages. Dans les cas de diaphonie trop importante, il est souvent nécessaire de modifier la structure de la carte [54][55] en ajoutant des plans ou des vias de masse ou en augmentant les espacements entre les pistes et les vias. Afin d'éviter de multiples itérations sur la fabrication des cartes, il est nécessaire de maîtriser la diaphonie à l'aide des outils de simulation que nous avons validés précédemment [56]. L'utilisation de ces outils sera utile pour établir les premières règles de routage qui devront être affinées avec l'expérience.

1.2. Topologies étudiées

Les scénarios de diaphonie sont implantés dans un stackup 12 couches représentatif des produits THALES. Ce dernier, composé de FR4, comporte des plans de masse et d'alimentation en couches 4, 5, 8 et 9, deux niveaux de microvias et un via enterré de la couche 3 à la couche 10 (figure 1.1). Les topologies étudiées sont des paires différentielles de 10 et 40 cm de long, implantées en microstrip, microstrip enterrée et stripline (figure 1.2). La descente de la paire différentielle en microstrip enterrée est assurée par deux niveaux de microvias, tandis que la stripline nécessite deux niveaux de microvias associés à un via enterré.

La largeur des pistes "w" est égale à 120 μm et l'espacement entre les deux pistes d'une même paire différentielle, noté "s", est choisi de façon à atteindre 100 ohms différentiels en fonction de l'épaisseur des couches. Ainsi, nous avons retenu s=w pour les couches TOP et 2, et s=2w pour les couches 3, 6 et 7.

La méthodologie permettant de mettre en évidence l'impact de la diaphonie consiste ici à comparer les diagrammes de l'oeil avec et sans agresseur(s). SIwave est utilisé pour modéliser et extraire les paramètres S des trois topologies. Comme le montre la figure 1.3, lorsque les paires différentielles ne subissent aucun couplage, les performances en transmission de la microstrip sont supérieures aux deux autres. Cela s'explique par le fait que les pertes dans l'air sont inférieures à celles du diélectrique. Cependant, la microstrip est bien plus sensible à la diaphonie [57], nous étudierons donc particulièrement ce pire cas.

1. Mise en place de scénarios de diaphonie

Les diagrammes de l'oeil ont été calculés à 2,5 et 8 Gbps, débits représentatifs des protocoles PCIe 1.0 et PCIe 3.0. Pour ce faire, les paramètres S calculés par SIwave sont importés dans ADS 2011 et connectés à des modèles de transceivers IBIS AMI. Une séquence de 100000 bits codée en 8b10b excite les paires différentielles.

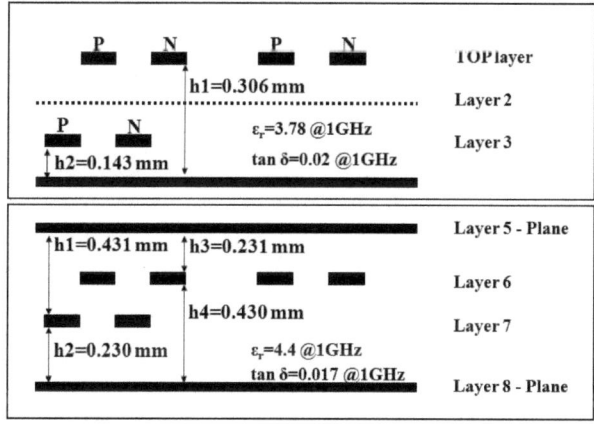

FIGURE 1.1.: Stackup dans lequel sont implantés les scénarios de diaphonie

FIGURE 1.2.: Vue en coupe du stackup. Configurations microstrip et microstrip enterrée (en haut), stripline (en bas)

1. *Mise en place de scénarios de diaphonie*

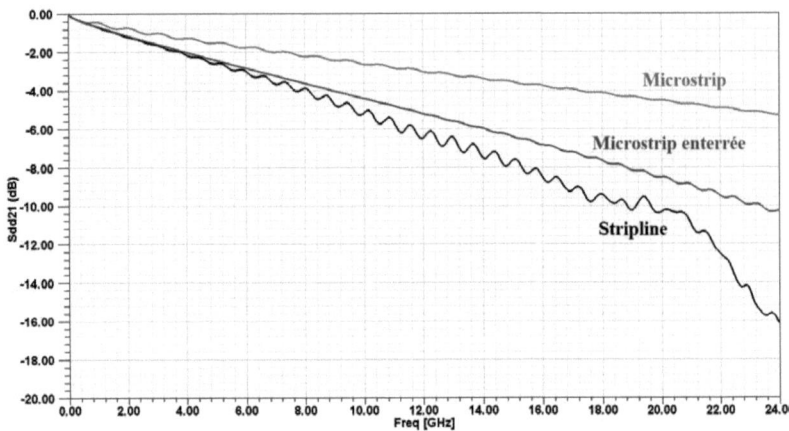

FIGURE 1.3.: Paramètres de transmission du mode différentiel des paires différentielles seules (10 cm de long)

1.3. Diaphonie entre liens MGH

Dans un premier temps, nous souhaitons analyser l'impact de la diaphonie sur un lien MGH lorsque celui-ci est colinéaire à d'autres liens MGH. Nous étudierons :
- Un cas simple dans lequel les liens MGH se trouvent tous en microstrip, sur le TOP de la carte.
- Un cas qu'il est plus probable de trouver dans les cartes haute densité, dans lequel les liens MGH seront superposés sur les couches 1 (TOP) et 2.

Les modèles de transceivers utilisés sont les modèles IBIS AMI du Stratix V paramétrés comme suit :

- Tension différentielle : 800 mV
- Terminaisons différentielles Tx et Rx : 100 ohms
- Aucune pré-accentuation et égalisation

1.3.1. Diagrammes de l'oeil de référence

A partir des paramètres S présentés sur la figure 1.3, les diagrammes de l'oeil d'une paire différentielle de 10 et 40 cm de long sont calculés à 2,5 et 8 Gbps (figure 1.4). La figure 1.5 confirme la supériorité des microstrip en transmission, particulièrement lorsque la longueur est grande. Ces valeurs serviront de référence pour les scénarios de couplage qui suivent.

1. Mise en place de scénarios de diaphonie

1.3.2. Liens MGH sur une même couche

La figure 1.6 présente la configuration étudiée. Soient trois liens MGH espacés d'une distance "d", nous souhaitons comparer l'ouverture de l'oeil de la paire différentielle située au centre avec les ouvertures des "yeux" de référence (tableaux 1.5). Les résultats sont présentés sur les figures 1.7 et 1.8. Delta H (ΔH) et Delta V (ΔV) représente le rapport des ouvertures des yeux avec et sans agresseur(s). Lorsque la longueur de couplage est égale à 10 cm, l'impact de la diaphonie sur la victime est négligeable quel que soit l'espacement entre les paires différentielles et le débit. Cependant, lorsque la longueur de couplage atteint 40 cm, nous considérons la diaphonie comme trop importante à d=2w car le Delta est supérieur à 25% pour certains scénarios. Cette étude prouve que le débit de l'agresseur et de la victime jouent un rôle sur les agressions mutuelles. Par conséquent, l'outil de simulation doit être capable de mixer les débits afin d'être au plus proche des cas réels. La première version du logiciel utilisé ne permettait pas de simuler des débits différents en IBIS AMI, nous avons dû demander cette fonctionnalité qui a ensuite été rendue disponible.

1.3.3. Diaphonie dans le contexte HDI

Afin de continuer à augmenter la densité des cartes, l'implantation de plans de référence doit être limitée permettant de superposer des signaux sur plusieurs couches adjacentes. Cependant, ce type de configuration augmente le risque de diaphonie, les simulations deviennent donc indispensables. Soit la structure présentée sur la figure 1.9. Le lien MGH victime à analyser se situe toujours en microstrip tandis que 5 agresseurs différentiels se trouvent en couche 2. Les liens sont routés en configuration $s = w$, et d_{12} représente le décalage des paires différentielles en TOP par rapport à celles en couche 2. Dans un premier temps, nous étudions le cas de décalage total ($d_{12} = w$). La figure 1.10 montre que l'ouverture de l'oeil s'est dégradée par rapport au cas où toutes les pistes se trouvent sur la même couche. Toutefois, cette dégradation est quasiment la même quelque soit l'espacement entre les liens MGH. Cela prouve que les paires différentielles en couche 2, de part et d'autre de la victime, ont un impact négligeable sur cette dernière contrairement à celle qui lui est superposée. En effet, cette dernière modifie son impédance caractéristique et introduit de la conversion de mode.

Pour une longueur de couplage de 40 cm, l'ouverture de l'oeil peut être divisée par 2 (figure 1.12 et figure 1.11). Cependant, la dégradation de la victime diminue lorsque l'espacement entre paires augmente prouvant que, pour 40 cm de couplage, tous les agresseurs au voisinage de la victime ont un impact significatif.

Modification du décalage d_{12}

Comme le montre le tableau 1.1, plus les liens MGH des couches 1 et 2 sont superposés, (la superposition est totale pour $d_{12} = 2w$), plus les signaux sont dégradés. Lorsque des paires différentielles sont implantées sur des couches adjacentes, le routage en quinconce

1. Mise en place de scénarios de diaphonie

doit être privilégié. Pour que cela soit possible, la largeur des pistes et des espacements d et s doivent être identiques sur les deux couches. Les impédances différentielles des liens MGH en TOP différeront de celles des liens en couche 2, mais les impédances de terminaisons des transceivers étant souvent adaptables, il sera possible de limiter les réflexions.

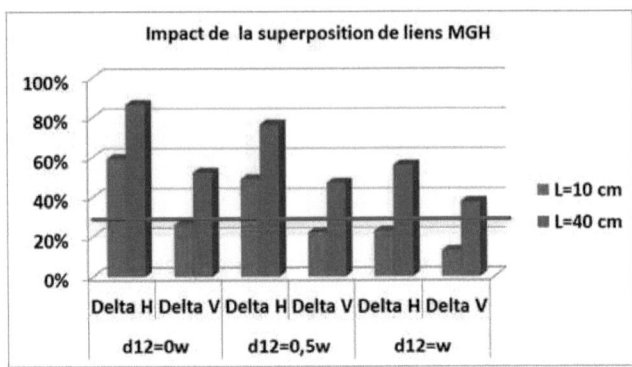

TABLE 1.1.: Impact de la position des liens en couche 2 par rapport à ceux en microstrip, débit de 8 Gbps, $d = 2w$

1.3.4. Conclusion

Les microstrip étant plus sensibles à la diaphonie que les microstrip enterrées et les striplines, cette étude permet d'établir des premières règles de conception (tableau 1.2). L'application de ces règles ne dispense pas les vérifications par la simulation étant donné que le routage des cartes réelles est souvent plus complexe que les cas ci-dessus, qui n'inclut pas les transitions (vias), les courbes et les serpentins [58][59].

Longueur de couplage	Espacement minimum "d"
l < 10 cm	d=2w
10 cm < l < 30 cm	d=3w
l > 30 cm	d=5w

TABLE 1.2.: Synthèse des règles pour des couplages entre liens MGH

1. Mise en place de scénarios de diaphonie

1.4. Diaphonie entre liens MGH et signaux single-ended

1.4.1. Introduction

Concernant la diaphonie, il est bien connu que les pistes single-ended sont plus agressives mais également plus sensibles que les paires différentielles [57]. Il est donc indispensable d'analyser par simulations l'intégrité des signaux dès lors que la haute densité est recherchée. Nous avons vu dans la partie 2.3 que la simulation de signaux single-ended nécessite l'usage de modèles IBIS. Or, la norme IBIS 5.0 actuelle ne permet pas de mixer des modèles IBIS AMI avec des modèles IBIS. Pour réaliser cette étude de diaphonie, des modèles de transceivers génériques différentiels et single-ended présents dans les librairies d'ADS ont été utilisés. A partir des paramètres S de la partie 1.2, les diagrammes de l'oeil de référence ont été recalculés avec les modèles génériques.

1.4.2. Diagrammes de l'oeil de référence

Les diagrammes de référence ont été calculés pour une paire différentielle en microstrip de 10 cm et 40 cm de long. Pour ce faire, le modèle générique est paramétré comme suit :

– Tension différentielle : 800 mV
– Temps de montée : 30 ps
– Terminaisons Tx et Rx : 100 ohms différentiels

La séquence binaire utilisée est la même que celle de la partie précédente donnant les résultats du tableau 1.3.

Datarate	10 cm long		40 cm long	
	H (V)	V (ps)	H (V)	V (ps)
2,5 Gbps	0.732	400	0.585	394
8 Gbps	0.660	124	0.377	113

TABLE 1.3.: Diagrammes de référence calculés par les modèles génériques

1.4.3. Pistes sur la même couche

A partir des paramètres S calculés pour la configuration de la figure 1.6, nous pouvons comparer l'impact des caractéristiques des signaux sur la diaphonie à couplages équivalents. Ainsi, le lien MGH victime reste au centre et les deux paires différentielles deviennent quatre agresseurs single-ended dont les propriétés sont les suivantes :

– Signal carré entre 0V et 1,5V
– Temps de montée : 200 ps
– Débit : 1,6 Gbps

1. Mise en place de scénarios de diaphonie

– Terminaisons : 50Ω pour Tx et 1GΩ pour Rx

Comparés aux figures 1.7 et 1.8, les résultats des figures 1.13 et 1.14 montrent une forte dégradation de l'ouverture de l'oeil lorsque les pistes single-ended sont éloignées de 2w et 3w du lien MGH. A d=5w, la diaphonie redevient négligeable.

1.4.4. Contexte HDI : Cas 1

Le premier cas "haute densité" à étudier correspond à celui de la figure 1.9. En microstrip, nous conservons les 3 liens MGH tandis qu'en couche 2, les 5 paires différentielles deviennent 10 pistes single-ended mais s et d ne sont pas modifiés. Les résultats des figures 1.15 et 1.16 montrent que, dès 10 cm de couplage, la diaphonie dégrade l'oeil de référence de plus de 25% horizontalement quelque soit la distance avec les agresseurs latéraux. Ce sont donc les deux pistes single-ended se trouvant sous la victime qui la dégrade le plus. Cette configuration est à éviter.

1.4.5. Contexte HDI : Cas 2

Ce deuxième cas "haute densité" met en évidence le comportement d'un lien MGH entouré de pistes single-ended en TOP et en couche 2 (figure 1.17). Dans ce cas, d_{12} représente l'espacement bord à bord entre le lien MGH victime et la piste single-ended la plus proche en couche 2. d_{12} varie entre $2w$ et $5w$ et $d = d_{12} + w$. Les figures 1.18 et 1.19 montrent que l'espacement minimum à respecter entre un lien MGH et une piste single-ended est $d_{12} = 5w$.

1. Mise en place de scénarios de diaphonie

1.4.6. Règles de conception

En nous basant sur le principe que la dégradation de ΔH et ΔV due à la diaphonie ne doit pas être supérieure à 25% afin de garder une marge pour les autres phénomènes (pertes, stabilité des alimentations), les règles suivantes peuvent être établies pour ce type de configurations :

- Un espacement minimum de $2w$ entre liens MGH étant sur la même couche est un bon rempart contre la diaphonie jusqu'à 40 cm de longueur couplée.
- En cas de routage sur plusieurs couches adjacentes, seuls les signaux différentiels peuvent être superposés à condition d'adopter un routage en quinconce et de respecter les longueurs de couplage définies dans le tableau 1.2.
- En présence des signaux single-ended, il est conseillé de conserver un espacement minimum de $5w$ entre ces derniers et les liens MGH.

Ces règles sont données à titre indicatif afin d'aider les implanteurs. Celles-ci sont à affiner avec l'expérience et des études approfondies sur des scénarios en microstrip enterrée et en stripline. Cependant, cette étude est basée sur une configuration spécifique du stackup, elle permet de définir les tendances, mais les résultats peuvent évoluer en fonction des dimensions h, s et w réelles. Ainsi, pour les cartes denses et complexes, il est très fortement conseillé de vérifier voir d'optimiser le routage par des simulations d'intégrité du signal en tenant compte des caractéristiques réelles des signaux mis en jeu (dimensions, fréquence, temps de montée, codage). L'intérêt de cette étude réside cependant dans les diagrammes de références obtenus dans des configurations assez contraintes d'une part, et dans la définition de la démarche à suivre pour réaliser ces simulations d'autre part.

1.5. Conclusion sur les analyses de diaphonie

Ces analyses de diaphonie ont permis de mettre en oeuvre le flot de simulation complet incluant les très récents modèles IBIS AMI. Les simulations circuit sont rapides (quelques dizaines de minutes au plus) mais la norme IBIS 5.0 nous prive du mixage de modèles IBIS AMI avec les modèles IBIS. Nous verrons dans la partie 2.2 que des solutions détournées permettent d'outrepasser cette limitation.

1. Mise en place de scénarios de diaphonie

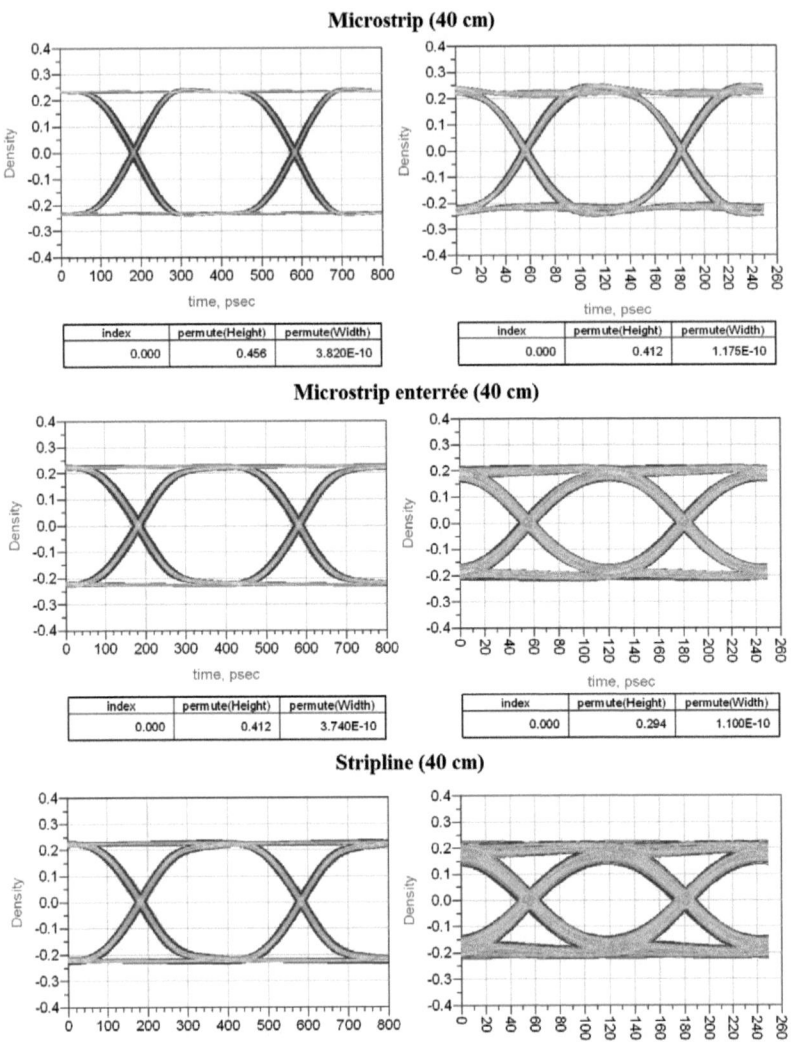

FIGURE 1.4.: Oeil de référence pour une longueur de 40 cm. 2,5 Gbps à gauche et 8 Gbps à droite.

1. Mise en place de scénarios de diaphonie

10 cm long	Microstrip		Embedded Microstrip		Stripline	
Datarate	H (V)	V (ps)	H (V)	V (ps)	H (V)	V (ps)
2,5 Gbps	0,477	386	0,476	388	0,475	384
8 Gbps	0,458	123	0,461	122	0,451	121

40 cm long	Microstrip		Embedded Microstrip		Stripline	
Datarate	H (V)	V (ps)	H (V)	V (ps)	H (V)	V (ps)
2,5 Gbps	0,456	382	0,412	374	0,400	374
8 Gbps	0,412	117	0,294	110	0,258	105

FIGURE 1.5.: Ouverture de l'oeil des paires différentielles sans couplage

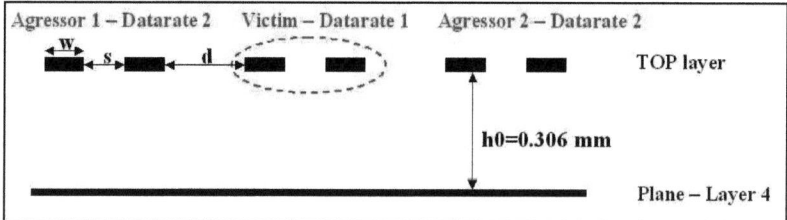

FIGURE 1.6.: Diaphonie entre liens MGH sur la même couche

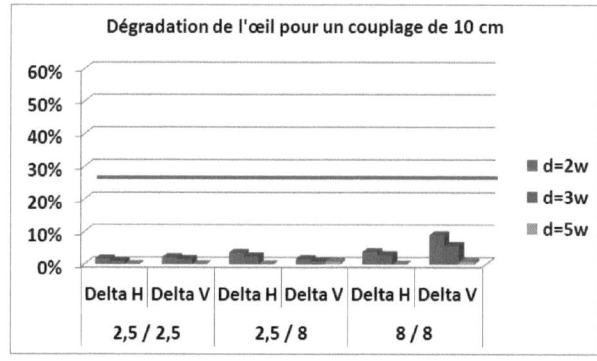

FIGURE 1.7.: Impact de la diaphonie sur le lien MGH victime pour un couplage de 10 cm (Débit agresseur (Gbps) / Débit victime (Gbps))

1. Mise en place de scénarios de diaphonie

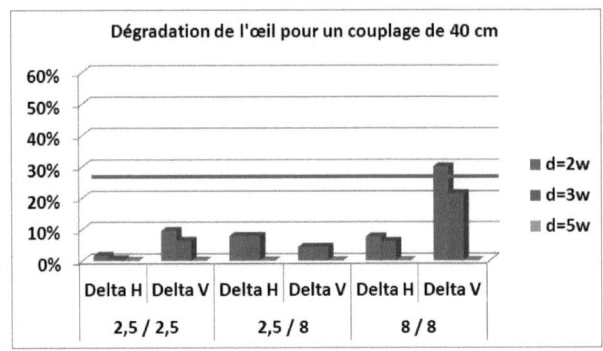

FIGURE 1.8.: Impact de la diaphonie sur le lien MGH victime pour un couplage de 40 cm (Débit agresseur (Gbps) / Débit victime (Gbps))

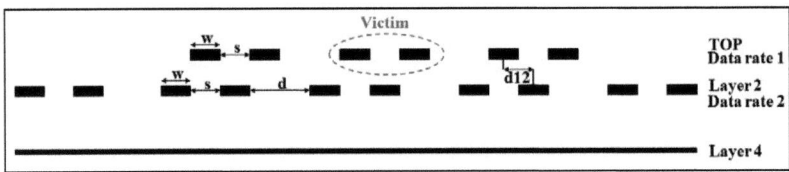

FIGURE 1.9.: Diaphonie entre liens MGH sur couches adjacentes

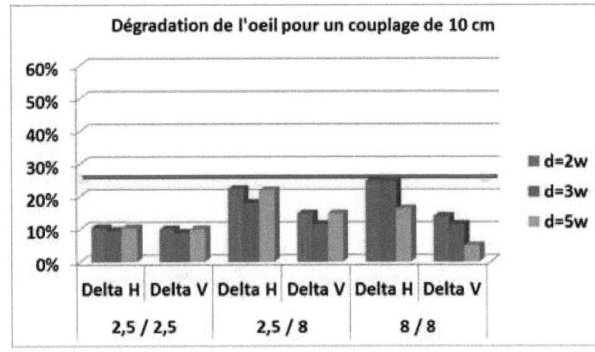

FIGURE 1.10.: Impact de la diaphonie sur le lien MGH victime, couplage de 10 cm, $d_{12} = w$ (Débit couche 2 (Gbps) / Débit couche TOP (Gbps))

1. Mise en place de scénarios de diaphonie

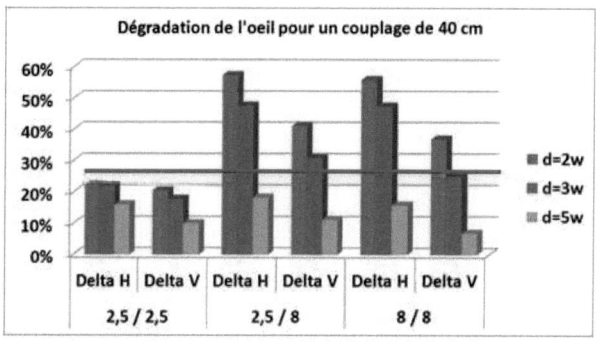

FIGURE 1.11.: Impact de la diaphonie sur le lien MGH victime, couplage de 40 cm, $d_{12} = w$ (Débit couche 2 (Gbps) / Débit couche TOP (Gbps))

1. Mise en place de scénarios de diaphonie

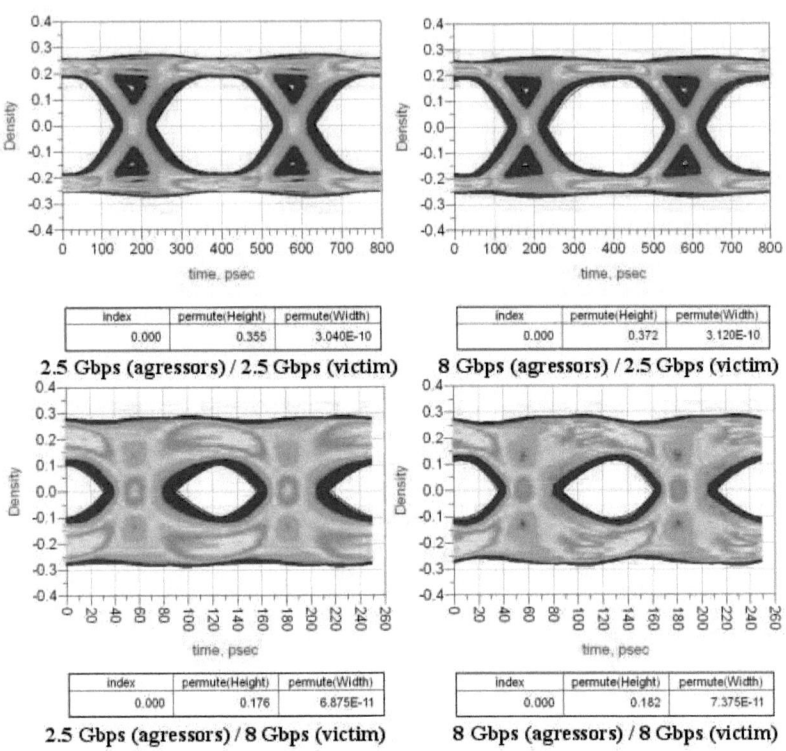

FIGURE 1.12.: Oeil de la victime pour $d = 2w$, couplage de 40 cm, $d_{12} = w$

1. Mise en place de scénarios de diaphonie

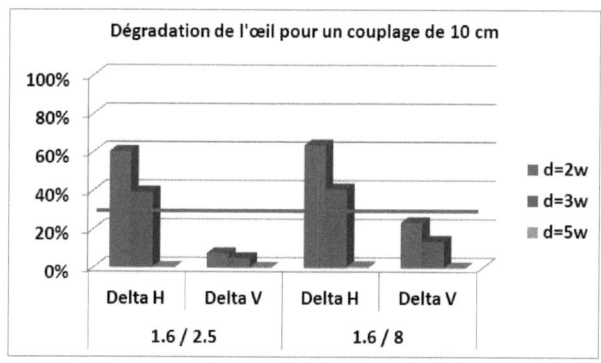

FIGURE 1.13.: Dégradation de l'oeil de la victime pour un couplage de 10 cm (Débit agresseur (Gbps) / Débit victime (Gbps)

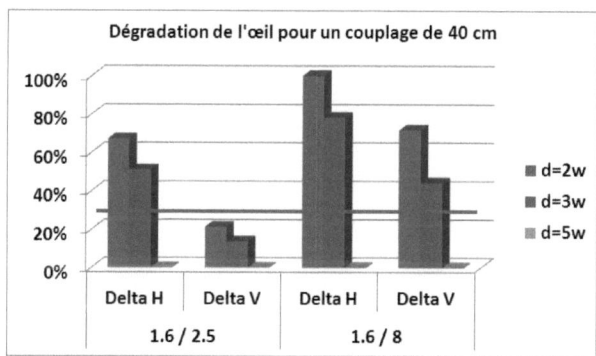

FIGURE 1.14.: Dégradation de l'oeil de la victime pour un couplage de 40 cm (Débit agresseur (Gbps) / Débit victime (Gbps)

1. Mise en place de scénarios de diaphonie

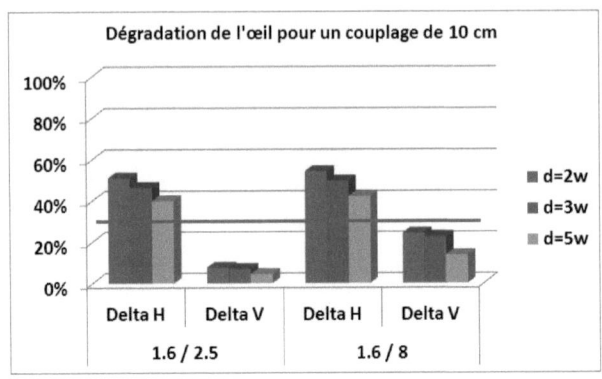

FIGURE 1.15.: Dégradation de l'oeil de la victime pour un couplage de 10 cm et $d_{12} = w$ (Débit couche 2 (Gbps) / Débit couche TOP (Gbps))

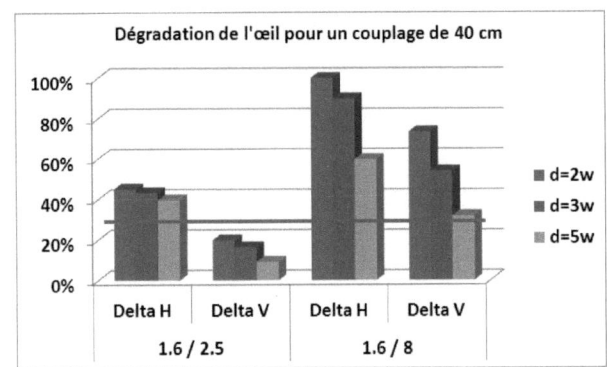

FIGURE 1.16.: Dégradation de l'oeil de la victime pour un couplage de 40 cm et $d_{12} = w$ (Débit couche 2 (Gbps) / Débit couche TOP (Gbps))

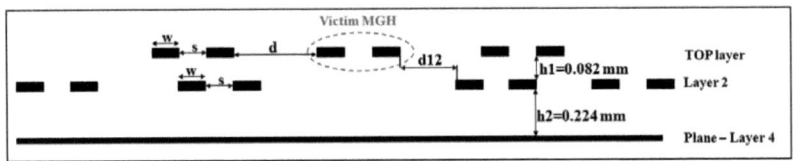

FIGURE 1.17.: Lien MGH entouré de signaux single-ended

184

1. Mise en place de scénarios de diaphonie

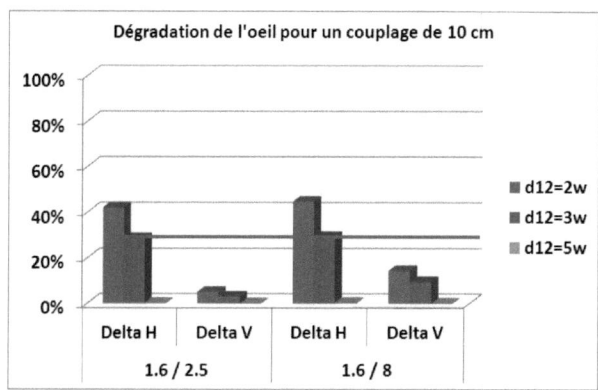

FIGURE 1.18.: Dégradation de l'oeil de la victime, couplage de 10 cm (Débit couche 2 (Gbps) / Débit couche TOP (Gbps))

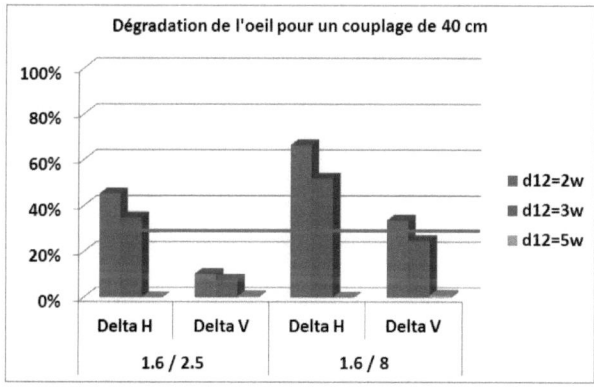

FIGURE 1.19.: Dégradation de l'oeil de la victime, couplage de 40 cm (Débit couche 2 (Gbps) / Débit couche TOP(Gbps))

2. Synthèse sur la conception des liens MGH

2.1. Les simulations pré-routage

2.1.1. Introduction

Les simulations pré-routage représentent une étape importante de la méthodologie de conception des liens MGH car elles permettent de réaliser une première vérification de l'architecture de la carte et plus précisément des liens MGH alors que leur topologie et leurs géométries ne sont pas encore définies. Le concepteur peut ainsi faire une étude de l'espace d'analyse, autrement dit, il va balayer un certain nombre de scénarios pouvant être implantés sur la future carte. Cette phase de dimensionnement déterminera les cas les plus favorables et les plus défavorables afin de ne pas sur-contraindre le routage, tout en conservant une marge suffisante. Lors des simulations "pré-routage", les modèles des composants fournis par leur fabricant (transceivers, connecteurs) sont utilisés mais, concernant le canal de propagation, des modèles de pistes et de vias génériques doivent être disponibles dans les librairies du simulateur circuit. Le logiciel ADS a l'avantage d'offrir de nombreuses références de modèles génériques, encore faut-il que leur comportement soit suffisamment représentatif des éléments implantés physiquement sur les cartes. Dans cette partie, nous présentons une comparaison entre les résultats issus d'une simulation pré-routage et ceux issus d'une simulation électromagnétique post-routage.

2.1.2. Étude en transmission

Description de la topologie étudiée

Commençons par une étude en transmission d'une topologie simple : une paire différentielle implantée en couche 6 (stripline) dans un stackup de 12 couches similaire à celui observé figure 1.1. La descente en couche 6 est réalisée par deux niveaux de microvias et d'un via enterré de la couche 3 à la couche 10. Les plans de référence sont considérés comme infinis et se situent à $231\mu m$ (H1) au-dessus de la paire différentielle et à $430\mu m$ (H2) en dessous. La largeur w des pistes est égale à $190\mu m$ et elles sont espacées de $300\mu m$. Enfin, la longueur de la paire différentielle est d'une douzaine de centimètres environ (figure 2.1).

Calcul des paramètres S

La topologie décrite précédemment est modélisée dans ADS à l'aide des modèles génériques disponibles dans ses librairies. Ainsi, comme le montre la figure 2.2, chaque élément

2. Synthèse sur la conception des liens MGH

est représenté : le stackup, la structure complète des vias (pas, anti-pad, stub), les pistes couplées ou non. Il existe des modèles d'éléments couplés mais il y a également la possibilité de coupler deux modèles avec le bloc "combine". Des calculs paramétrés avec ou sans algorithme(s) d'optimisation peuvent être mis en place pour faciliter et accélérer le dimensionnement de chaque élément.

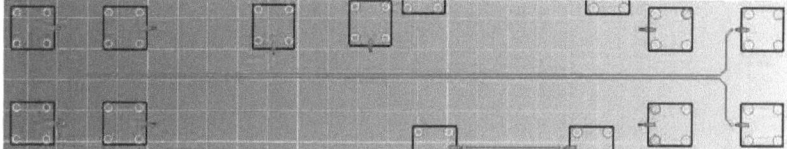

FIGURE 2.1.: Vue post-routage de la paire différentielle

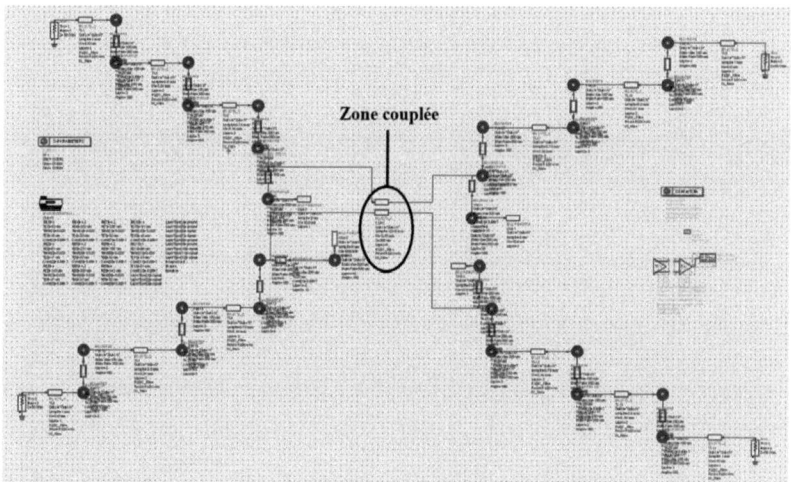

FIGURE 2.2.: Modélisation pré-routage à l'aide de modèles génériques

Les paramètres S de la structure présentée figure 2.2 ont été extraits et comparés à ceux issus du calcul électromagnétique post-routage (SIwave) et à la mesure. En transmission (figure 2.3), la corrélation des résultats pré-routage et post-routage est très bonne jusqu'à plus de 6 GHz. La divergence observée au-delà de cette fréquence peut provenir de détails mal modélisés mais ayant un impact lors de la montée en fréquence. Il est également possible que les pertes des modèles soient trop optimistes. Cependant, la finesse des simulations pré-routage est suffisante pour les débits utilisés actuellement, ce que montrent le calcul des

2. Synthèse sur la conception des liens MGH

diagrammes de l'oeil dans la partie suivante. Concernant la réflexion, l'allure des courbes présentées figure 2.4 est concordante.

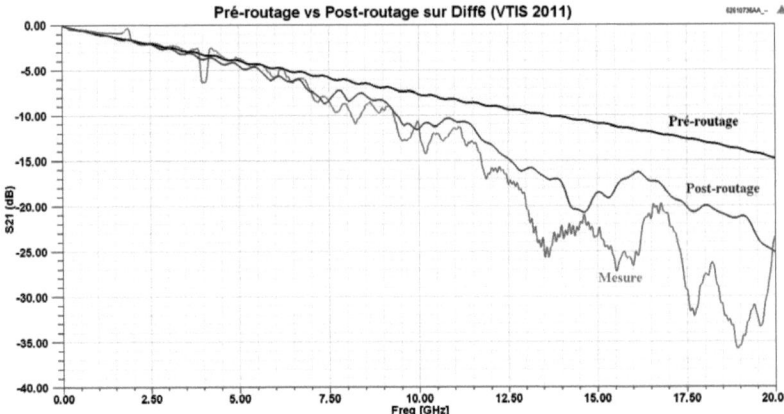

FIGURE 2.3.: Comparaison pré-routage / post-routage / mesure de la transmission sur un des brins de la paire différentielle

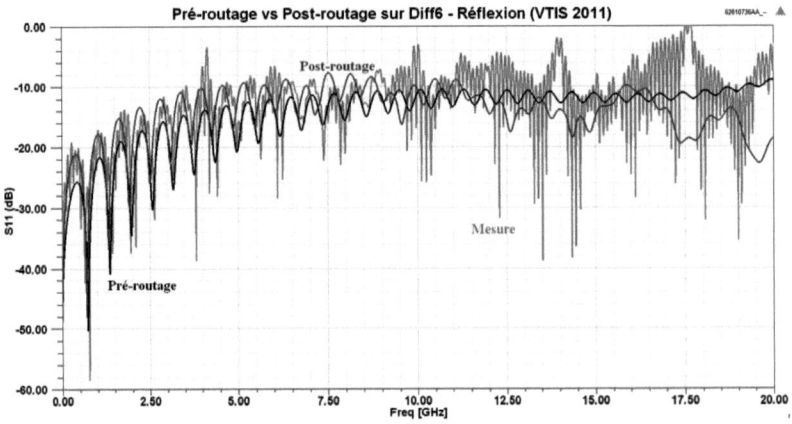

FIGURE 2.4.: Comparaison pré-routage / post-routage / mesure de la réflexion sur un des brins de la paire différentielle

2. Synthèse sur la conception des liens MGH

Diagrammes de l'oeil

Les diagrammes de l'oeil des figures 2.5 et 2.6 ont été calculés avec les modèles de transceivers génériques d'ADS sur les paramètres S issus des calculs pré- et post-routage. Le niveau de corrélation sur l'ouverture des yeux est très bons. Cela montre que les simulations pré-routage permettront d'anticiper le fonctionnement des liens MGH et d'apporter une aide précieuse pour la phase de routage.

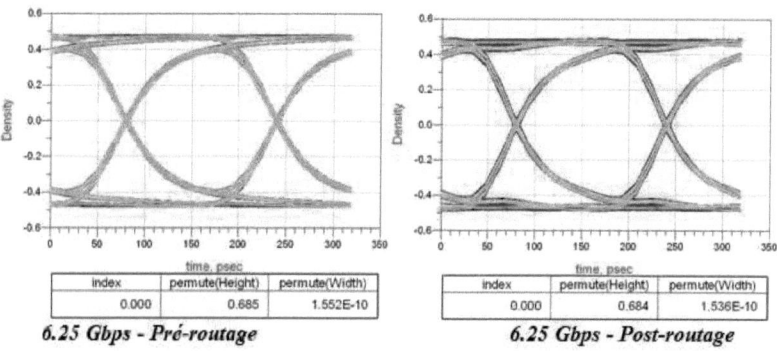

FIGURE 2.5.: Comparaison des ouvertures de l'oeil pré- et post-routage à 6,25 Gbps

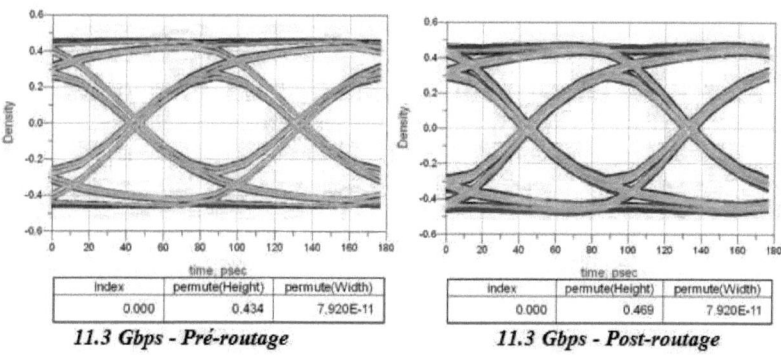

FIGURE 2.6.: Comparaison des ouvertures de l'oeil pré- et post-routage à 11,3 Gbps

2. Synthèse sur la conception des liens MGH

2.1.3. Étude en diaphonie

Lors de la phase de pré-routage, il arrive parfois que nous ayons des informations précises sur la densité de routage de la future carte. Si un tel cas venait à arriver, il faudrait déterminer préalablement le niveau de confiance à accorder aux simulations pré-routage.

Description de la topologie

Soit deux paires différentielles parallèles sur 20 cm de long en stripline (figure 2.7). Les plans de référence sont considérés comme infinis et se situent à $200\mu m$ (H1) au-dessus de la paire différentielle et à $400\mu m$ (H2) en dessous. La largeur w des pistes est égale à $170\mu m$ et l'espacement entre les deux pistes d'une même paire différentielle est $s = w$. Enfin, nous faisons varier l'espacement entre les paires d tel que $1w \leq d \leq 2w$.

FIGURE 2.7.: Vue post-routage du scénario de diaphonie

Diagrammes de l'oeil

Les tableaux 2.1 et 2.2 montrent un très bon niveau de corrélation entre les simulations pré- et post-routage à 6,25 Gbps et 11,3 Gbps. En effet, que l'une des paires soit agressée ("Avec Tx") ou non ("Sans Tx"), la différence des résultats est inférieure à 10%. Cela signifie que pour des cas simples de diaphonie, les simulations "pré-routage offrent une bonne prédictibilité des résultats.

		Pré-routage		Post-routage		Delta	
		H (V)	W (ps)	H (V)	W (ps)	H	W
Sans Tx	6,25 Gbps	0,539	150	0,571	144	-5,9%	4,0%
	11,3 Gbps	0,361	75	0,379	76	-5,0%	-1,3%
Avec Tx	6,25 Gbps	0,527	149	0,527	142	0,0%	4,7%
	11,3 Gbps	0,351	73	0,365	75	-4,0%	-2,7%

TABLE 2.1.: Ouverture de l'oeil d'un des liens MGH lorsque ceux-ci sont espacés de 1w

2. Synthèse sur la conception des liens MGH

		Pré-routage		Post-routage		Delta	
		H (V)	W (ps)	H (V)	W (ps)	H	W
Sans Tx	6,25 Gbps	0,542	150	0,575	146	-6,1%	2,7%
	11,3 Gbps	0,364	74	0,387	76	-6,3%	-2,7%
Avec Tx	6,25 Gbps	0,539	150	0,56	145	-3,9%	3,3%
	11,3 Gbps	0,361	74	0,383	75	-6,1%	-1,4%

TABLE 2.2.: Ouverture de l'oeil d'un des liens MGH lorsque ceux-ci sont espacés de 2w

2.1.4. Conclusion sur les simulations pré-routage

Nous avons vu que les études pré-routage constituent une étape importante dans le design des cartes. Le bon niveau de corrélation des résultats pré- et post-routage permettront de dimensionner avec une bonne confiance les éléments du circuit. Nous nous intéresserons principalement aux longueurs des pistes et des stubs. De plus, l'utilisation des modèles des futurs transceivers au format IBIS AMI donnera la possibilité de pré-régler la pré-accentuation et l'égalisation. Malgré le bon niveau de corrélation dans les exemples ci-dessus, les simulations pré-routage ne doivent en aucun cas remplacer les simulations post-routage. En effet, les cartes réelles étant denses et complexes, les simulations post-routage sont obligatoires afin de prendre en compte tous les couplages existants, ainsi que les ruptures dans les plans de référence, voir la stabilité des alimentations (non inclue dans la norme IBIS AMI actuelle).

2.2. Synthèse des solutions à apporter à chaque phénomène dégradant la transmission

Nous avons vu précédemment qu'il existe un certain nombre de phénomènes à l'origine de la dégradation d'un signal MGH. En théorie, la décomposition de jitter donne la possibilité de quantifier la contribution de chacun de ces phénomènes. Ainsi, il sera plus facile de cibler la solution la plus adaptée au(x) problème(s) identifié(s). Dans la pratique, les logiciels de simulation et les oscilloscopes commencent à intégrer des algorithmes de décomposition de jitter. L'objectif de cette partie est d'imposer différents types d'agression à un lien MGH afin d'analyser la décomposition de son jitter.

2.2.1. Présentation de la topologie étudiée

Les mesures et les simulations ont été réalisées à partir du VTIS 2008 présenté dans la partie 3.2. L'oeil et le jitter du lien MGH-DIA2 (figure 2.8) sont observés pour différents types d'agression. Pour rappel, les caractéristiques de MGH-DIA2 sont les suivantes :

- Longueur : 190 mm
- Largeur : $w = 130 \mu m$
- Espacement des canaux P et N : $s = 150 \mu m$

2. Synthèse sur la conception des liens MGH

- Routée majoritairement en microstrip enterrée (couche 3)
- Terminaisons différentielles Tx et Rx : 100Ω
- L'émetteur est le FPGA (Stratix II GX) situé à droite de la carte et est appelé "MN2". Les mesures sur ce lien sont effectuées sur les deux connecteurs SMA en bas de la carte.

Les pistes single-ended SSN-SIGA (en bleu sur la figure 3.6) traversent le véhicule de test de la droite vers la gauche. L'émetteur est donc le FPGA MN2 et le récepteur est le FPGA MN4. Ces signaux ont pour caractéristiques :

- Longueur : 160 mm
- Routés majoritairement en couches 2 et 3
- Technologie LVTTL 3.3V 12mA
- Terminaisons : faible impédance pour Tx et haute impédance pour Rx

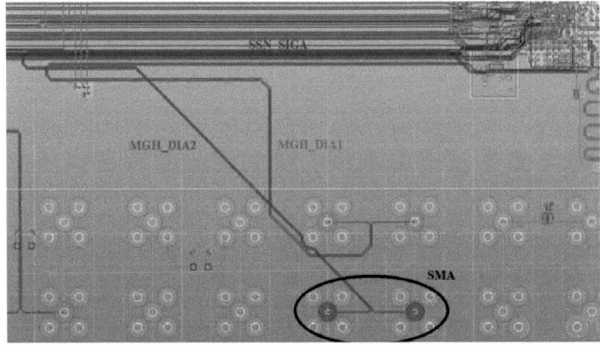

FIGURE 2.8.: Topologie étudiée

La figure 2.9 est un zoom sur la figure 3.6 afin de mieux représenter la zone de couplage entre le lien MGH-DIA2 et les pistes SSN-SIGA. Ce zoom met en évidence deux particularités. Premièrement, le canal P de MGH-DIA2 se trouve entre deux plans d'alimentation (VCCINT et VCCH). De ce fait, il n'est pas référencé de la même façon que le canal N. Deuxièmement, le signal SSN-SIGA-79 (orange) se trouve sur la même couche que MGH-DIA2 à une distance $d = 120\mu m$ du canal P (distance bord à bord). "d" étant inférieur à "s", cela signifie que le canal P de MGH-DIA2-TX est plus couplé à SSN-SIGA-79 qu'au canal N sur une longueur de 7 cm. La vue en coupe présentée figure 2.10 donne un autre aperçu de cette configuration.

Les diagrammes de l'oeil ont été mesurés avec le même oscilloscope Agilent que celui utilisé pour les mesures d'oeil avec égalisation (DSAX93204A Infiniium).

2. Synthèse sur la conception des liens MGH

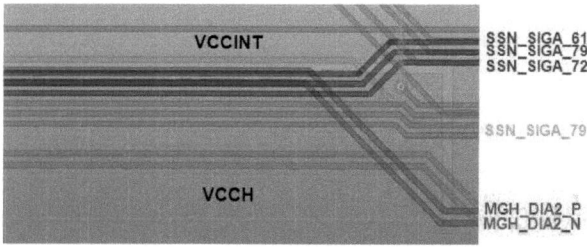

FIGURE 2.9.: Zoom sur le couplage

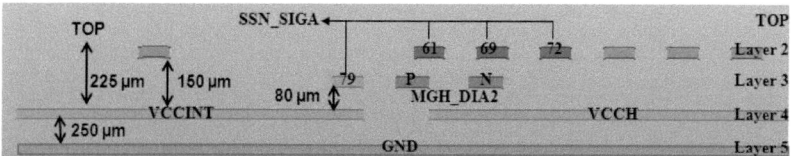

FIGURE 2.10.: Vue en coupe

2.2.2. Mise en données des simulations circuit

La mise en données de ce type de scénario n'est pas anodine car les signaux à analyser sont de nature très différentes. En effet, nous trouvons des signaux MGH couplés avec des signaux à faible fréquence (entre 1 et 50 MHz). De plus, les premiers sont différentiels tandis que les seconds sont single-ended. La première limitation a été l'absence de modèle IBIS AMI pour les transceivers du Stratix II. Nous les avons donc remplacés par des modèles IBIS AMI génériques (Tension différentielle de 800 mV, PRBS7) présents dans les librairies d'ADS auxquels nous avons ajouté le package du Stratix IV au format Touchstone. Classiquement, des modèles IBIS sont utilisés pour la simulation de signaux single-ended. Cependant, comme nous l'avons vu dans la partie 2.3, les modèles IBIS et IBIS AMI ne peuvent pas être mixés dans le même calcul de façon standard. Une astuce consiste à modifier le modèle IBIS afin de le rendre différentiel puis de le placer dans un modèle IBIS AMI générique dont l'une des sorties est reliée à la masse (figure 2.11).

Les diagrammes de l'oeil et les décomposition de jitter mesurés dans la suite l'ont été avec le même oscilloscope que dans la partie 3.2.

2.2.3. Etude de MGH-DIA2 sans agresseur single-ended

Afin de bien observer l'impact de la dégradation du lien MGH-DIA2 sur son diagramme de l'oeil et sur la décomposition du jitter, nous analysons son comportement lorsque les

2. Synthèse sur la conception des liens MGH

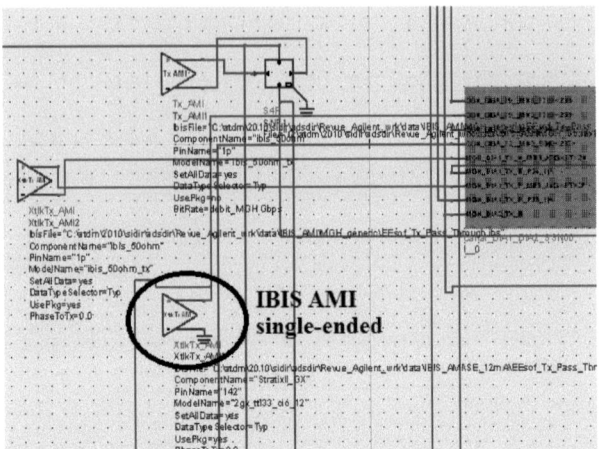

FIGURE 2.11.: Conversion d'un modèle IBIS en IBIS AMI

agresseurs single-ended sont éteints. Cependant, le programme du FPGA MN2 ne permettant d'activer ou de désactiver les liens MGH seulement par groupe de 4, la transmission sur MGH-DIA2 est polluée par le lien MGH-DIA1. Les simulations ont montré que la contribution de MGH-DIA1 sur MGH-DIA2 fermait l'oeil de ce dernier d'environ 20mV.

La figure 2.12 montre qu'il existe un bon niveau de corrélation entre les diagrammes de l'oeil mesuré et simulé de MGH-DIA2 sans agresseur single-ended. Concernant les simulations, le canal de propagation a été extrait de DC à 10 GHz dans SIwave puis importé dans ADS 2012. Les modèles IBIS AMI génériques ont été calibrés à l'aide de la décomposition de jitter issue de la mesure de MGH-DIA2 sans agresseur single ended (tableau 2.3). La méthodologie suivie est la suivante :

- Une valeur de jitter aléatoire (RJ) et de jitter de distorsion du rapport cyclique (DCD) est définie dans le modèle IBIS AMI. En effet, depuis la version d'ADS 2012, il est possible d'ajouter du jitter aux modèles IBIS AMI à partir de l'interface graphique (figure 2.13).
- La forme d'onde résultante est importée dans l'outil Infiniview d'Agilent afin de procéder à la décomposition du jitter. Pour cela, au moins 1000000 de bits doivent avoir été calculés dans ADS.
- Les valeurs de jitter issues de la simulation sont comparées à celles de la mesure. Si ces valeurs concordent alors nous considérons que le modèle est correctement calibré.

Les valeurs retenues, qui sont des valeurs typiques issus de mesures réalisée précédemment,

2. Synthèse sur la conception des liens MGH

sont de 0.025 UI pour RJ et de 0.03 UI pour DCD.

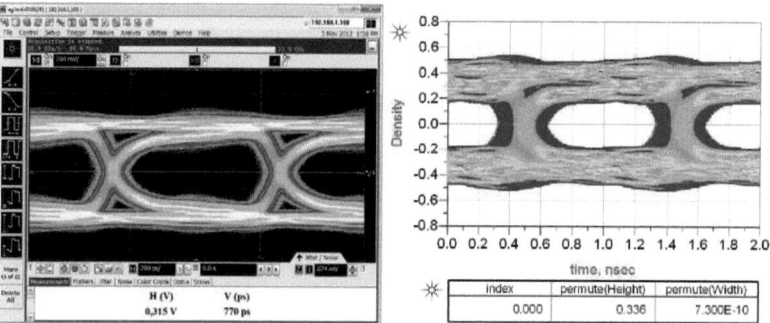

FIGURE 2.12.: Oeil de MGH-DIA2 à 1 Gbps sans agresseur single-ended. Mesure à gauche, simulation à droite(canal SIwave).

Jitter	Mesure
TJ (BER-12)	375 ps
RJrms	24 ps
DJpp	41 ps
PJrms	5 ps
DDJpp	31 ps
ISIpp	27 ps
BUJpp	34 ps
DCD	5 ps

TABLE 2.3.: Décomposition de Jitter de MGH-DIA2 mesuré sans agresseur single-ended

FIGURE 2.13.: Déclaration de jitter additionnel dans les modèles IBIS AMI (ADS 2012)

2. Synthèse sur la conception des liens MGH

La valeur anormalement élevée du BUJ mesuré nous indique la présence de diaphonie, certainement due à la présence de MGH-DIA1. De la même façon, nous avons constaté que la valeur élevée du RJ est due à une erreur de déclaration de la PLL (Phase Lock Loop) dans la programmation du FPGA.

2.2.4. Etude de MGH-DIA2 avec un agresseur single-ended

Agresseur single-ended SSN-SIGA-79 à 50 MHz

Voyons maintenant l'impact de l'agresseur single-ended SSN-SIGA-79 (horloge de 50 MHz) sur MGH-DIA2. Les valeurs de jitter additionnel sont les mêmes que celles de la partie précédente. Cependant, les diagrammes de l'oeil mesuré et simulé ne donnent pas un niveau de corrélation satisfaisant (figure 2.14).

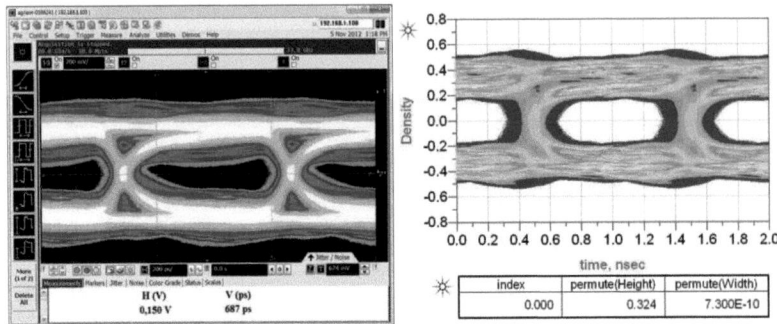

FIGURE 2.14.: Oeil de MGH-DIA2 à 1 Gbps agressé par SSN-SIGA-79 à 50 MHz. Mesure à gauche, simulation à droite (canal SIwave).

Après de nombreuses investigations sur les paramétrages de SIwave et de la simulation circuit, nous avons identifié que le problème venait du calcul électromagnétique réalisé par SIwave. En effet, dans le cas étudié, le lien MGH-DIA2 n'est pas référencé sur le même plan que le signal SSN-SIGA-79. Nous sommes donc dans une problématique 3D n'entrant pas dans le domaine de validité actuel de SIwave, qui effectue de nombreuses simplifications de la géométrie afin d'accélérer les temps de calcul. Une fois l'origine du problème identifié, les calculs électromagnétiques ont alors été réalisés avec HFSS, logiciel 3D Full-Wave du même éditeur utilisant la méthode FEM.

Les calculs HFSS étant très gourmands en ressources matérielles, seule la partie de la carte nous intéressant a été conservée et extraite de DC à 5 GHz sur une centaine de points. De plus, cette dernière a été nettoyée et simplifiée au niveau des matrices BGA et le signal MGH-DIA1 n'est pas modélisé (figure 2.16). Le calcul a convergé en une quinzaine d'heures après 11 passes adaptatives. Les ressources nécessaires à l'obtention de cette convergence

2. Synthèse sur la conception des liens MGH

sont composées de 32 coeurs CPU et 160 Go de RAM.

Avant même de calculer les diagrammes de l'oeil, des différences importantes sont observées entre les paramètres S calculés par SIwave et ceux de HFSS. En effet, la figure 2.15, montre des couplages équivalent pour le FEXT mais il existe un écart de plus de 20 dB entre DC et 300 MHz alors que cette bande de fréquence est très importante en présence d'horloges de 50 MHz.

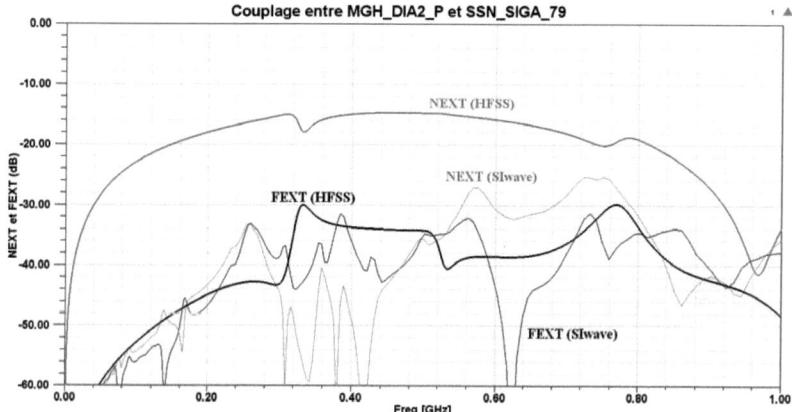

FIGURE 2.15.: Comparaison des paramètres S de couplage calculés par SIwave et HFSS

Le canal ayant changé, le diagramme de l'oeil de MGH-DIA2 sans agresseur a été recalculé. La diminution des discontinuités d'impédance et l'absence de diaphonie de la part de MGH-DIA1 font que l'oeil simulé est bien plus optimiste de celui mesuré (figure 2.17). Malgré cette différence, nous observons que le rapport de dégradation avec et sans SSN-SIGA-79 est sensiblement le même entre la mesure et la simulation du canal HFSS (figure 2.18). En effet, nous trouvons :

- SIwave : 0,324 / 0,336 = 0,96
- HFSS : 0,279 / 0,457 = 0,6
- Mesure : 0,150 / 0,315 = 0,48

2. Synthèse sur la conception des liens MGH

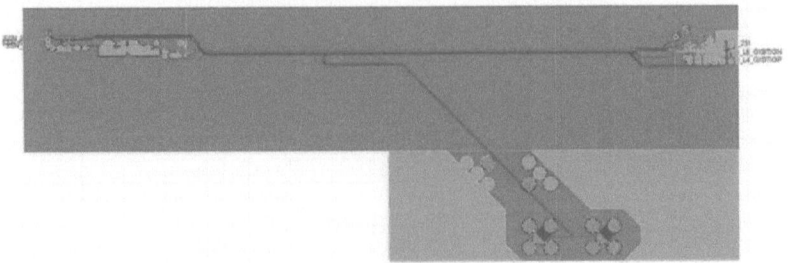

FIGURE 2.16.: Structure simulée dans HFSS

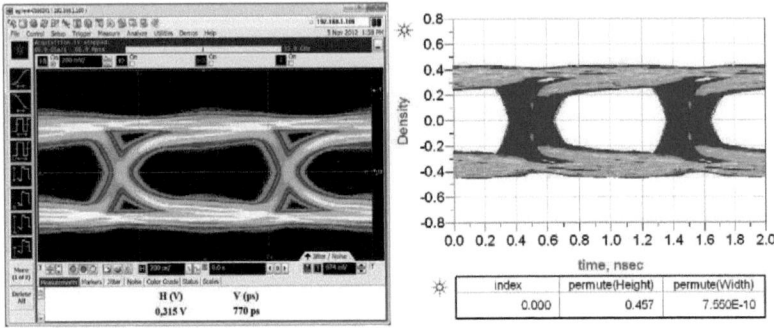

FIGURE 2.17.: Oeil de MGH-DIA2 à 1 Gbps sans agresseur single-ended. Mesure à gauche, simulation à droite (canal HFSS).

Décomposition du jitter   Malgré l'absence du BUJ dans la version actuelle d'Infiniview (1.0), le tableau 2.4 montre que l'ordre de grandeur des différentes composantes du jitter est bien respecté entre la mesure et la simulation. La valeur du jitter déterministe (DJ) a considérablement augmenté par rapport au tableau 2.3 du fait de l'augmentation de la diaphonie introduite par SSN-SIGA-79. Quant aux valeurs liées aux caractéristiques des transceivers (RJ, PJ, DCD) et du canal de propagation (ISI), elles restent logiquement constantes.

2. Synthèse sur la conception des liens MGH

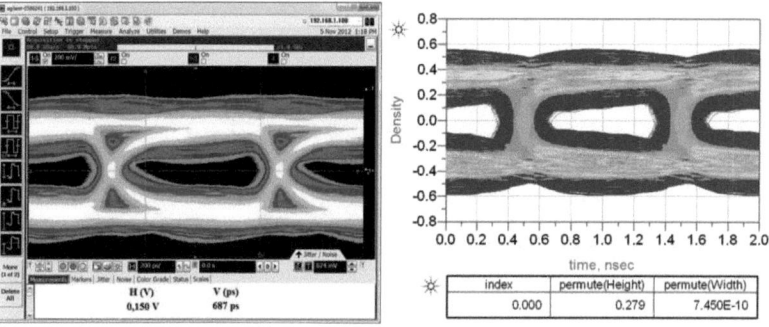

FIGURE 2.18.: Oeil de MGH-DIA2 à 1 Gbps agressé par SSN-SIGA-79 à 50 MHz. Mesure à gauche, simulation utilisant le canal modélisé par HFSS à droite.

Jitter	Mesure	Simulation
TJ (BER-12)	438 ps	458 ps
RJrms	23 ps	26 ps
DJpp	108 ps	94 ps
PJrms	19 ps	34 ps
DDJpp	30 ps	24 ps
ISIpp	28 ps	22 ps
BUJpp	102 ps	NC
DCD	3 ps	2 ps

TABLE 2.4.: Décomposition du jitter de MGH-DIA2 en présence de SSN-SIGA-79 à 50 MHz

Agresseur single-ended SSN-SIGA-79 à 1 MHz

La même étude a été menée en abaissant la fréquence du signal SSN-SIGA-79 de 50 MHz à 1 MHz. D'après la figure 2.19, la corrélation des diagrammes de l'oeil simulé et mesuré est moins bonne que précédemment. D'après des études menées en parallèle, nous nous sommes aperçus que ces mauvais résultats étaient dus au manque de points calculés en basse fréquence.

Décomposition du jitter Comparé au tableau 2.4, il est intéressant de voir que le BUJ mesuré a diminué. Le BUJ n'étant pas calculé par Infiniview, la contribution de la diaphonie simulée se retrouve en partie dans le jitter périodique (PJ) donc dans DJ. Tout comme pour la mesure, cette valeur a diminué par rapport au tableau 2.4. Cela montre bien, comme on s'y attendait, que le niveau de la diaphonie dépend en partie de la fréquence des agresseurs.

2. Synthèse sur la conception des liens MGH

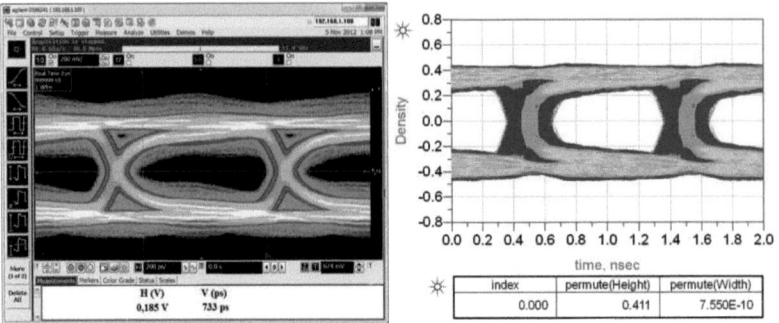

FIGURE 2.19.: Oeil de MGH-DIA2 à 1 Gbps agressé par SSN-SIGA-79 à 1 MHz. Mesure à gauche, simulation utilisant le canal modélisé par HFSS à droite.

Jitter	Mesure	Simulation
TJ (BER-12)	382 ps	434 ps
RJrms	24 ps	26 ps
DJpp	43 ps	70 ps
PJrms	6 ps	31 ps
DDJpp	30 ps	68 ps
ISIpp	27 ps	22 ps
BUJpp	37 ps	NC
DCD	5 ps	2 ps

TABLE 2.5.: Décomposition du jitter de MGH-DIA2 en présence de SSN-SIGA-79 à 1 MHz

2.2.5. Impact du circuit de récupération d'horloge sur le jitter

Nous avons vu dans la partie 1.1.3 que le circuit de récupération d'horloge (CDR) a la capacité d'éliminer le jitter basse fréquence. Dans cette partie, nous allons appliquer une CDR d'une bande passante de 600 kHz au signal MGH-DIA2. Dans le cas de la mesure, la CDR est émulée en temps réel par l'oscilloscope et, en ce qui concerne les simulations, cette fonctionnalité intégrée à Infiniview est utilisée. Cependant, Infiniview n'intégrant pas encore d'algorithme d'interpolation, il affiche les diagrammes de l'oeil sous forme discrète. Nous ne le donnerons donc pas ici. L'oeil obtenu par la mesure est donné sur la figure 2.20.

2. Synthèse sur la conception des liens MGH

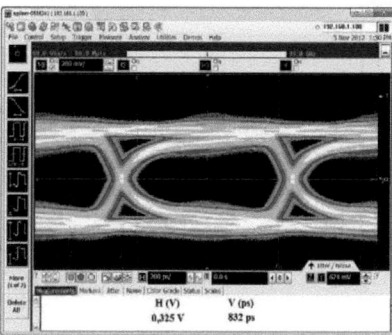

FIGURE 2.20.: Oeil de MGH-DIA2 à 1 Gbps sans agresseur single-ended avec CDR de 600 kHz.

Décomposition du jitter   Malgré le peu de différence observée sur les diagrammes de l'oeil avec et sans CDR (tableau 2.3, le jitter total a bien diminué, principalement grâce à l'élimination d'une partie du jitter aléatoire. En effet, 7 ps perdues en RJ_{rms}, c'est $7*14 = 98$ ps de moins sur le TJ calculé pour un BER à 10^{-12} (multiplication par le facteur Q, voir partie 1.1.1). Cette étude prouve que le jitter aléatoire est basse fréquence et qu'une CDR ayant une plus grande bande passante offrirait un gain certain de performance. Cependant, l'émulation de la CDR sur l'oeil simulé n'a aucun impact sur la décomposition de jitter.

Jitter	Mesure
TJ (BER-12)	282 ps
RJrms	17 ps
DJpp	45 ps
PJrms	4 ps
DDJpp	31 ps
ISIpp	28 ps
BUJpp	36 ps
DCD	5 ps

TABLE 2.6.: Décomposition du jitter de MGH-DIA2 en présence d'une CDR de 600 kHz

2.2.6. Conclusion

Les analyses sur la décomposition du jitter nous ont permis de mettre en oeuvre le flot de simulation complet, de l'export de la géométrie avec Cadence à l'étude du jitter avec Infiniview en passant par l'analyse électromagnétique du canal avec SIwave et HFSS et la simulation circuit avec ADS 2012. Cette étude utilisant les dernières technologies de simulation propose également une méthode de mixage des modèles IBIS et IBIS AMI dans ADS 2012. Nous avons également pu entrevoir les limitations de SIwave sur les structures 3D. HFSS étant très gourmand en ressources matérielles, cela rend difficile son implémentation dans la méthodologie de conception MGH. Des études prometteuses avec le logiciel Momentum d'Agilent sont en cours et seront l'objet d'une future publication. En effet, comme le montre la figure 2.21, les paramètres S calculés par Momentum sont proches de ceux de HFSS mais sont obtenus avec un temps de calcul plus court et des ressources matérielles plus abordables (13h de calcul avec 16 coeurs CPU et 16 Go de RAM pour 340 points de DC à 10 GHz).

La théorie de la décomposition du jitter n'est pas récente mais son analyse en simulation et en mesure est très nouvelle et son utilisation prend toute son importance avec l'augmentation rapide des débits. En effet, cet outil permet de déterminer les origines de la dégradation des signaux en quelques secondes. En fonction du niveau de contribution de chaque phénomène, une réponse adaptée peut être apportée comme le montre le tableau 2.7. Certains problèmes seront plus coûteux à résoudre que d'autres, du fait par exemple de modifications dans le placement/routage des cartes. Ceux-ci doivent donc être détectés le plus en amont possible afin d'adapter l'architecture et le routage en temps réel lors de la phase d'implantation.

La mise en pratique de la décomposition du jitter étant nouvelle, de nombreuses améliorations sont encore à venir. Par exemple, l'oscilloscope utilisé pour nos mesures, bien que très performant, ne proposait pas de décomposition du jitter pour les signaux codés (8b10b) et les résultats étaient erronés en présence d'égalisation. Même chose concernant la simulation, Infiniview ne calcule pas le BUJ et affiche le diagramme de l'oeil seulement sous forme discrète. Le plus gros point d'amélioration à venir doit être la prise en compte de l'alimentation des modèles IBIS AMI dans les simulations circuit afin de vérifier la validité du réseau d'alimentation et la maîtrise des bruits de commutations (SSN). Cela aidera à quantifier précisément le jitter périodique. Avec de l'expérience et l'évolution des outils d'analyse, la décomposition du jitter deviendra certainement un outil très puissant, et incontournable.

2. Synthèse sur la conception des liens MGH

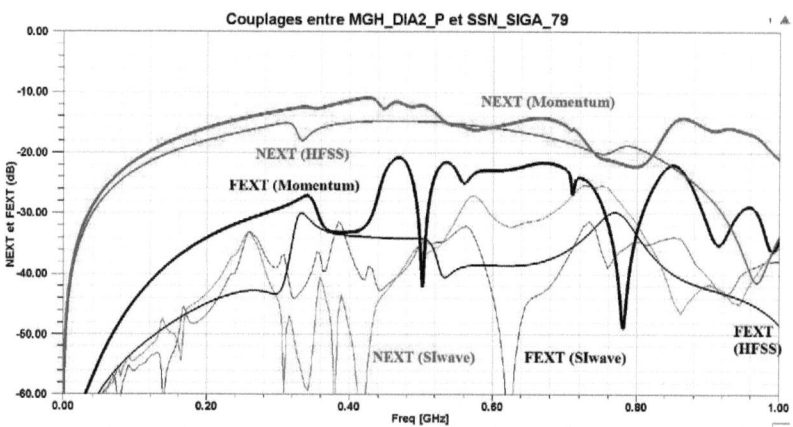

FIGURE 2.21.: Momentum : une solution intermédiaire à SIwave et HFSS

Problème identifié	Solution suggérée (SANS modification du routage)	Solution suggérée (AVEC modification(s) du routage)
RJ	Revoir la déclaration des signaux d'horloge dans le code FPGA	Changer de composant
PJ	Revoir le réseau d'alimentation (modifier la valeur des capacités de découplage)	Revoir le réseau d'alimentation (plans, capacités, etc)
ISI	Ajouter la pré-accentuation / égalisation	Optimiser le canal (géométrie et longueur des pistes, nombre de vias, stubs, connecteurs, etc)
BUJ	Modifier les caractéristiques des signaux (augmenter le temps de montée, diminuer la fréquence)	Isoler les pistes (espacement, plans et vias de masse, etc)
DCD	Revoir le réseau d'alimentation (modifier la valeur des capacités de découplage)	Revoir le réseau d'alimentation (plans, capacités, etc)

TABLE 2.7.: Stratégie à adopter en fonction de phénomène dégradant

2. Synthèse sur la conception des liens MGH

2.3. Méthodologie de conception des liens MGH

La conception des liens MGH ne passe pas seulement par la maîtrise d'outils de simulations avancés, il faut également respecter une méthodologie précise afin d'optimiser le temps passé aux analyses d'intégrité du signal.

2.3.1. Méthodologie générale

La méthodologie MGH se base sur celle définie pour les signaux classiques avec, pour principal changement, l'utilisation de nouveaux outils de simulation associés à des nouveaux modèles. En effet, nous retrouvons les étapes de définition de l'architecture et des simulations pré- et post-routage permettant de définir les contraintes de placement/routage. Les outils de simulations étant différents, les deux flots de simulation vont pouvoir être déroulés en parallèle. Cela a l'avantage de diminuer le temps de conception à condition que deux ingénieurs, ayant des compétences en intégrité du signal, soient disponibles.

2.3.2. Méthodologie de pré-routage des liens MGH

La figure 2.22 synthétise la méthodologie de pré-routage des liens MGH. Afin de commencer les simulations de pré-routage, il est nécessaire d'avoir le schéma et la définition du stackup de la carte à analyser et de chercher les modèles des transceivers et des connecteurs ainsi que les datasheets des composants. Dans ADS, au moins deux cas sont étudiés en parallèle. Le premier cas est défini par l'ingénieur IS de façon à être un bon compromis entre facilité de routage et performance. Le deuxième cas consiste à étudier le pire cas possible en maximisant la longueur des pistes et des stubs ainsi que le nombre de vias et de pastilles de test. Grâce à ce cas, l'ingénieur IS connaîtra les marges qu'il a si le routage venait à être plus complexe que prévu. Si le diagramme de l'oeil résultant de chacun des cas ne respecte pas les spécifications du composant ou du protocole alors la phase d'optimisation des processus de pré-accentuation et d'égalisation débute. Si malgré l'optimisation, l'oeil ne respecte toujours pas les spécifications alors il faut revoir les paramètres géométriques du ou des cas KO. Dans les cas extrêmes, il est possible d'aller jusqu'à modifier l'architecture de la carte (composants, stackup, débits). Si l'optimisation converge vers une solution alors des calculs sur des scénarios de diaphonie sont menés à condition que l'architecture de la carte soit suffisamment bien définie. Enfin, les contraintes de routage sont données aux implanteurs à partir de la géométrie issue du cas défini par l'ingénieur IS.

2. Synthèse sur la conception des liens MGH

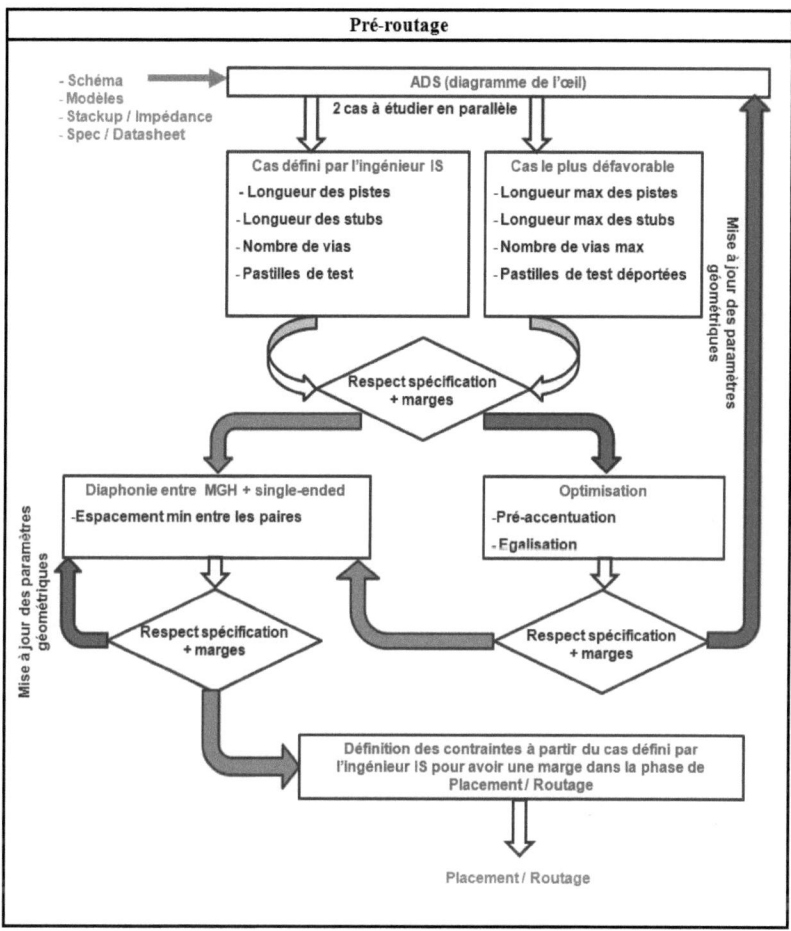

FIGURE 2.22.: Méthodologie de pré-routage des liens MGH. Flèches vertes : OK, flèches rouges : KO.

2.3.3. Méthodologie de post-routage des liens MGH

Afin de procéder aux simulations post-routage, les modèles des composants actifs et passifs sont nécessaires ainsi que la carte routée ou en cours de routage. Cette dernière est fournie par les implanteurs au format *.brd compatible avec la suite d'outils Cadence. Dans Allegro, les agresseurs de chaque lien MGH sont identifiés automatiquement après avoir défini une fenêtre de détection des couplages. La géométrie, le stackup et les composants passifs de la carte sont exportés vers SIwave. Des ports sont placés sur les liens MGH et sur les agresseurs identifiés précédemment afin de calculer les paramètres S. Il est intéressant de visualiser ces derniers afin d'analyser la cohérence des résultats avec la structure calculée. Si non, alors il faut revoir le paramétrage de SIwave. Si oui, une première estimation des performances du canal peut être faite. Les niveaux de couplage, de réflexion et de conversion de modes sont évalués et les anti-résonances repérées. Si nécessaire, le profil d'impédance sera calculé à l'aide du TDR inclus dans ADS.

La matrice de paramètres S est importée dans ADS au format Touchstone puis un diagramme de l'oeil est calculé pour chaque lien MGH sans exciter les agresseurs. Chaque oeil obtenu est comparé aux spécifications du récepteur et/ou du protocole. Si ces dernières ne sont pas respectées alors nous entrons dans la phase d'optimisation des processus de pré-accentuation et d'égalisation. Si malgré l'optimisation, la qualité des signaux n'est toujours pas satisfaisante, il faut revoir le routage. Ce cas n'est pas censé arriver car, à ce stade de la simulation, les risques de dysfonctionnement doivent avoir été éliminés par les simulations pré-routage.

Lorsque tous les liens MGH respectent les spécifications sans agresseur, le diagramme de l'oeil de chaque lien MGH est recalculé avec les agresseurs excités par leurs modèles respectifs. Si les spécifications sont respectées alors la structure est validée d'un point de vue IS. Sinon, le routage doit être revu.

Les simulations post-routage doivent être réalisées régulièrement pendant le routage afin de réagir rapidement en cas de problème. Une simulation complète sera tout de même effectuée en fin de routage.

2.3.4. Conclusion

La méthodologie définie est similaire au flot IS existant mais les outils sont différents. Cela présente l'avantage de simplifier le travail des ingénieurs IS et de gagner du temps en parallélisant les études d'IS des signaux classiques et les études d'IS des liens MGH.

Tant que tous les phénomènes ne pourront pas être pris en compte en simulation, il sera nécessaire de conserver des marges importantes. L'évolution des modèles IBIS AMI et des algorithmes de décomposition de jitter permettront d'affiner ces marges et donc de ne pas sur-contraindre le routage. Les retours d'expérience sur les cartes fabriquées seront également une occasion de mettre à jour les règles de conception ainsi que les marges.

2. Synthèse sur la conception des liens MGH

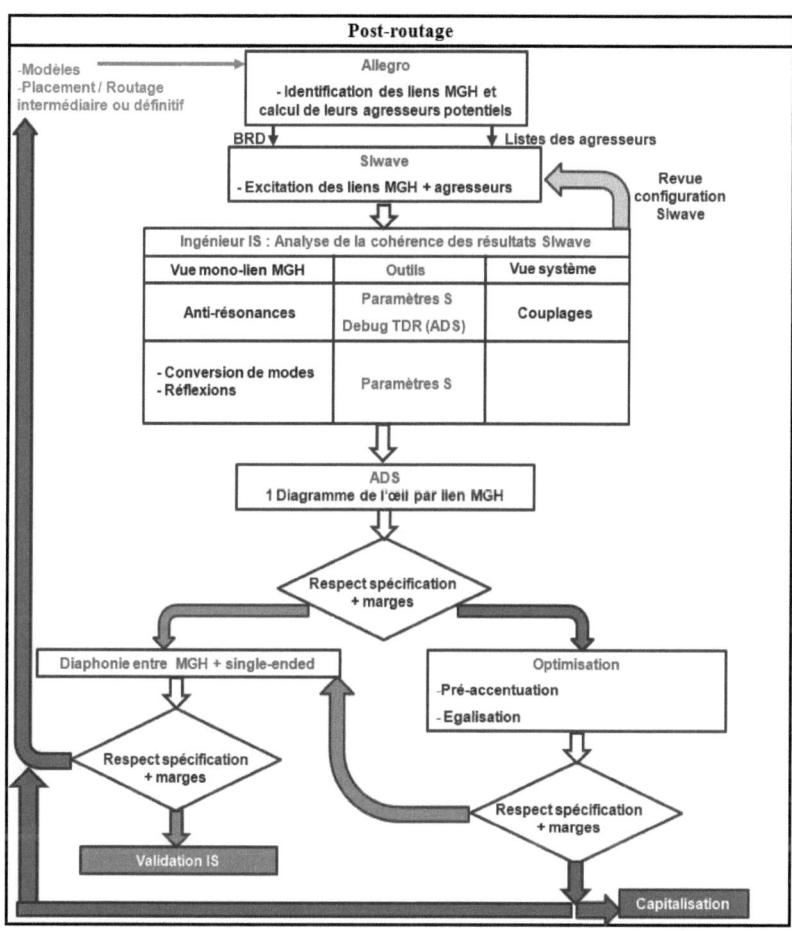

FIGURE 2.23.: Méthodologie de post-routage des liens MGH. Flèches vertes : OK, flèches rouges : KO.

3. Conclusion partielle

Cette partie nous a permis d'établir une méthodologie permettant la validation des liens par la simulation et de proposer des règles de routage à partir de cas simples de diaphonie. Nous avons également vu apparaître les limites des outils et des modèles de simulation.

Concernant l'extraction du canal de propagation et de son environnement, SIwave reste très rapide même lorsqu'une carte dense et complexe est simulée entièrement mais son niveau de précision chute dès que nous nous trouvons en présence de structures 3D (vias mal définis, pistes non référencées, prise en compte des plans partiels, etc). Or ce type de structure n'est pas rare dans les cartes numériques conçues à THALES, il est donc nécessaire d'identifier clairement les faiblesses de SIwave et de savoir si malgré ces faiblesses, ce dernier reste intéressant à utiliser pour les études d'intégrité du signal. Pour ce faire, il faudra travailler en étroite collaboration avec les équipes de développement de la société ANSYS. Les outils 3D planaires tel que Momentum semblent être une bonne alternative entre SIwave et des moteurs 3D full-wave mais la prise en compte d'une carte complète demanderait des ressources matérielles gigantesques. Il faut donc être capable d'identifier voir de simplifier les zones de la carte demandant des calculs 3D précis. Les méthodologies proposées sont donc évolutives, en particulier celle concernant les simulations post-routage. Nous pouvons imaginer faire une étude rapide de la carte complète avec SIwave puis observer plus finement avec un outil 3D (planaire ou full-wave) les zones très denses présentant de fortes probabilités de couplages, de multiples ruptures d'impédance ou des éléments non référencés. L'évolution du domaine de validité des moteurs de calcul devra être suivie avec attention.

Concernant les simulations circuit, ADS semble répondre en partie à nos attentes puisqu'il comprend des moteurs de calcul robustes, précis et rapides et de nombreux modèles de composants passifs et actifs. En effet, ADS possède de nombreuses librairies très fournies en modèles dont le comportement est représentatif de la réalité sur une large bande de fréquence. Parmi les points d'améliorations de ce logiciel, nous pouvons demander une meilleure gestion de la décomposition du jitter avec, par exemple, le calcul du BUJ. Le logiciel Infiniview semble prometteur et sera probablement inclus comme outil de post-traitement dans les méthodologies pré- et post-routage d'autant plus que les oscilloscopes Agilent l'intégreront. Les algorithmes de génération du diagramme de l'oeil, de décomposition du jitter et d'émulation de PLL seront donc les mêmes pour les mesures et les simulations ce qui facilitera leur comparaison. Lors de nos études, les appareils de mesures utilisés ont également montré leurs limites. Par exemple, il n'est pas possible aujourd'hui de faire de la décomposition de jitter sur des signaux égalisés ou codés (8b10b).

3. Conclusion partielle

Les modèles **IBIS AMI** permettent la simulation de plusieurs millions de bits en quelques secondes avec une bonne précision. De plus, ils intègrent des circuits numériques complexes tels que les égaliseurs **FFE** et **DFE** ainsi que le **CDR**. Cependant, la norme actuelle représente le plus gros point de blocage pour la prise en compte d'un système complet. En effet, nous avons réussi par des moyens détournés à mixer des modèles **IBIS** single-ended avec des modèles **IBIS AMI** différentiels mais nous ne pouvons toujours pas étudier l'impact du réseau d'alimentation de la carte sur les composants et réciproquement. Ainsi, nous pourrions valider le découplage des plans et analyser les bruits de commutation (SSN) et, de ce fait, la décomposition n'en serait que plus précise, surtout au niveau du jitter périodique (PJ). Le standard **IBIS AMI** étant très demandé et suivi par les industriels, il devrait continuer à évoluer rapidement et à proposer, d'ici les prochains mois, les fonctionnalités demandées.

Conclusion générale

Afin de continuer à concevoir des produits innovants, l'utilisation des liens multi-gigabits s'avère indispensable. Cependant, il est nécessaire d'assurer leur bon fonctionnement afin de réaliser des cartes électroniques fonctionnant au premier essai et donc de rester compétitif. En effet, les analyses de l'intégrité des signaux MGH couvrent de nombreux et variés domaines. Parmi ceux-ci, nous trouvons l'électromagnétisme, les hyperfréquences, l'électronique numérique, la physique des matériaux ainsi que le traitement du signal. A ces connaissances théoriques, s'ajoute la maîtrise des outils de simulation et de modèles de composants de dernière génération. Les objectifs de cette thèse ont donc été de définir des règles de conception, ainsi qu'une méthodologie pré- et post-routage.

L'étude des liens MGH se réalise en deux étapes. Tout d'abord, le canal de propagation a été extrait sous forme de paramètres S à l'aide de différents logiciels de simulations électromagnétiques. SIwave a été retenu car il s'intègre au flot de conception de THALES, permettant d'importer facilement la géométrie des cartes électroniques à partir Cadence. De plus, SIwave est capable de réaliser des calculs sur des cartes complètes et complexes avec des ressources matérielles raisonnables tout en assurant un bon compromis temps/précision. Cependant, des études approfondies ont montré que l'hybridation des méthodes de calcul proposée par SIwave a des limites dès que la carte présente des zones purement 3D. Il sera donc nécessaire de travailler en étroite collaboration avec les équipes de développement de l'éditeur afin de mieux comprendre le domaine de validité du logiciel. En attendant les correctifs, le flot de simulation post-routage doit évoluer et proposer des méthodes 3D planaires ou full-wave pour les structures les plus complexes et, peut-être, pour les débits les plus élevés ($>$ 20 Gbps). Dans un deuxième temps, des logiciels de simulations circuit ont été évalués sur leur capacité à importer et mettre en données le comportement électromagnétique du canal de propagation ainsi que d'assurer la compatibilité avec les modèles IBIS AMI dédiés à l'étude des liens MGH. L'outil retenu est ADS de la société Agilent car, en plus de répondre aux spécifications ci-dessus, il propose des librairies très fournies de modèles de composants génériques dont le comportement est représentatif de la réalité. Ces derniers sont très utiles pour les simulations en pré-routage et lorsque les fabricants de composants ne fournissent pas leur propres modèles. Nous avons passé un certain temps à trouver une parade visant à lever la limitation de la norme IBIS AMI sur la prise en compte de modèles IBIS. Ceci nous a permis d'étudier par la suite des scénarios de diaphonie entre les liens MGH et des signaux single-ended.

La décomposition du jitter est un outil d'avenir car il permet, en une seule analyse, de quantifier la contribution de chaque phénomène sur le canal. Il est alors possible d'apporter rapidement la solution la plus adaptée au problème le plus dégradant. Actuellement, ce type d'analyse est surtout intéressant pour les mesures où il est difficile de décorréler chacun des phénomènes. Concernant les simulations, il est plus simple d'isoler les problèmes les uns des autres, par exemple en activant ou non les agresseurs pour connaître l'impact de la diaphonie. De plus, il n'est pas forcément simple d'obtenir le jitter aléatoire d'un composant à partir de son document technique (datasheet ou handbook). La principale limitation réside dans le fait que les modèles IBIS AMI n'incluent pas d'informations sur leur alimentation, il n'est donc pas possible de mener une analyse complète de la stabilité des alimentations et des bruits de commutation. La norme IBIS AMI et les outils d'analyse évoluant rapidement, nous serons capables d'ici quelques mois d'obtenir le comportement réel d'un lien MGH en simulation, ce qui permettra de diminuer les marges de conception donc les sur-contraintes.

Les activités de l'intégrité du signal étant en croissance exponentielle, de nombreux travaux restent à faire. Parmi ceux-ci, nous pouvons trouver à court et moyen termes :

- L'étude approfondie des limitations de SIwave. C'est-à-dire savoir dans quel(s) cas sa précision est insuffisante et, surtout, la probabilité de trouver ces cas dans les cartes simulées. En attendant, la méthodologie post-routage doit évoluer en incluant l'usage d'un solveur 3D tels que HFSS ou Momentum. Le calcul électromagnétique de cartes complètes étant très lourd à mettre en oeuvre aujourd'hui avec ce type d'outil, il sera nécessaire de réfléchir à ce qui doit être pris en compte et/ou simplifié.
- Le suivi de l'évolution de la norme IBIS AMI afin de prendre en compte le réseau d'alimentation des cartes en simulation. Pour mettre en évidence ce phénomène, des mesures de jitter pourront être effectuées sur un véhicule de test dont le découplage des plans d'alimentations sera facilement modifiable.
- A l'aide des deux points précédents, les règles de routage et les analyses de décomposition de jitter s'affineront permettant de diminuer les marges de conception.

Parmi les études sur le moyen et le long termes, il sera nécessaire de vérifier la validité de la méthodologie pour les débits dépassant les 20 Gbps. Cela concerne les simulations électromagnétiques comprenant la modélisation des matériaux (permittivité, tangente de pertes, rugosité, section des pistes, etc) mais aussi le comportement des modèles génériques des librairies d'ADS. Enfin, il faudra s'intéresser aux liens optiques afin de savoir s'ils sont destinés à remplacer ou à compléter les liens MGH et dans quels cas les utiliser si toutefois leur mise en place facilite la conception et réduit les coûts.

Bibliographie

[1] "Loi de moore." [Online]. Available : http ://fr.wikipedia.org/wiki/Informatique
[2] P. E. Privé, "Elvia PCB Group : Technology & Product," 2010.
[3] Altera, "Extending Transceiver Leadership at 28 nm," 2012.
[4] Simberian, "Modeling frequency-dependent dielectric loss and dispersion for multigigabit data channels," 2008.
[5] W. Y. C. Richard, K. Y. See, and E. K. Chua, "Comprehensive Analysis of the Impact of via Design on High-Speed Signal Integrity," in 2007 9th Electronics Packaging Technology Conference, 2007.
[6] Sanmina, "Matched Terminated Stub VIA Technology for Higher Bandwidth Transmission in Line Cards and Backplanes," 2008.
[7] A. Amedeo, "Etude des phénomènes de Réflexions, de Diaphonie et de Stabilité des alimentations sur les cartes à haute densité d'interconnexions," Ph.D. dissertation, 2010.
[8] E. Rogard, "Modélisation des Fuites d'Informations par l'étude CEM de cartes électroniques complexes," Ph.D. dissertation, 2011.
[9] PCIe, "PCI Express specifications," 2010.
[10] SATA, "Serial ATA Specifications," 2009.
[11] THALES, "Matériaux de base compatibles lead-free pour les cartes électroniques," in Guide interne THALES, Réservé Groupe, 2008.
[12] M. Brizoux, A. Grivon, V. Tissier, and C. Chastang, "Design impact on reliability of extremely dense PCB in harsh environment," in Smart Systems Integration, Dresden, 2011.
[13] H. Stahr, "High density integration by embedding chips for reduced size modules and electronic systems," 2013.
[14] A. Amedeo, C. Gautier, F. Costa, and L. Bernard, "Maitrise de l'Intégrité de Signal à travers la Caractérisation d'une Carte Numérique Rapide à Forte Densité d'Intégration," in CEM 2008, 2008.
[15] S. Hall and H. Heck, Advanced Signal Integrity for High-Speed Digital Designs, 2009.
[16] Altera, "Extending Silicon Convergence with Technology Innovations at 20 nm," 2012.
[17] S. Chan, "Simultaneous switching noise impact to signal eye diagram on high-speed I/O," in IEEE Asia Symposium on Quality Electronic Design, 2012.
[18] R. Taborek, D. Alderrou, M. Ritter, J. Ewen, P. Pepeljugoski, D. Cunningham, P. Thaler, and D. Dove, "8B / 10B Idle EMI Reduction," 2000.

Bibliographie

[19] Systems, "8B/10B & 64B/66B Coding," 2008.

[20] J. Lee, M. Chen, and H. Wang, "Design and comparison of three 20-Gb/s backplane transceivers for duobinary, PAM4, and NRZ data," Solid-State Circuits, IEEE Journal ..., 2008.

[21] S. Plus, "Etude des caractéristiques techniques et économiques des filières d'interconnexions des composants électroniques dans les systèmes."

[22] C. Holloway and E. Kuester, "Closed-Form Expressions for the Current Densities on the Ground Planes of Asymmetric Stripline Structures," 2007.

[23] E. Hammerstad and O. Jensen, "Accurate Models for Microstrip Computer-Aided Design," in IEEE MTT-S International Microwave Symposium, 1980.

[24] P. Huray, S. Hall, S. Pytel, F. Oluwafemi, R. Mellitz, D. Hua, and P. Ye, "Fundamentals of a 3-D-Snowball-Model for Surface Roughness Power Losses," in IEEE SPI, 2007.

[25] E.-P. Li, Electrical Modeling and Design for 3D System Integration, ieee wiley ed., 2012.

[26] S. Wetterlin, "Determination of Dielectric Constant Of Printed Circuit Boards," 2010.

[27] F. Moukanda, "Contribution à la caractérisation électrique de matériaux utilisés en microélectronique radiofrequence," Ph.D. dissertation, 2008.

[28] Agilent Technologies, "Electromagnetic Properties of Materials," 2010.

[29] S. Yamacli, A. Akdagli, and C. Ozdemir, "A Method to Determine the Dielectric Constant Value of Microwave PCB Substrates," International Journal of Infrared and Millimeter Waves, 2008.

[30] I. 2251, "Design Guide for the Packaging of High Speed Electronic Circuits," 1995.

[31] I. 2221, "Generic Standard on Printed Board Design," 1998.

[32] N. 93-713, "Electronic components, Printed Circuit Board," 1989.

[33] T. Neu, "Designing controlled-impedance vias," EDN, 2003.

[34] M. Cartier and K. U. Sivaprasad, "A Measurement Based Comparison of Full-Wave and Quasi-static Methods for Baseband Modeling of Plated Through Hole Structures to 20GHz," in 2007 Proceedings 57th Electronic Components and Technology Conference, 2007.

[35] Agilent Eesof, "Presentation on Designing a Transparent Via," 2007.

[36] Altera, "Via Optimization Techniques for High-Speed Channel Designs - Applications Note 529," 2008.

[37] J. Shin, S. Powers, and T. Michalka, "Investigation and correlation study for board-level multi-GHz interconnects with non-ideal return paths," in 2009 59th Electronic Components and Technology Conference, 2009.

[38] L. Simonovich and E. Bogatin, "Differential Via Modeling Methodology," IEEE Transactions on Components, Packaging and Manufacturing Technology, 2011.

Bibliographie

[39] H. Wang, W. Cheng, J. Zhang, J. Fisher, L. Zhu, J. L. Drewniak, and J. Fan, "Investigation of mixed-mode input impedance of multi-layer differential vias for impedance matching with traces," in 2009 IEEE International Symposium on Electromagnetic Compatibility, 2009.

[40] Z. Shen and J. Tong, "Signal integrity analysis of high-speed single-ended and differential vias," Electronics Packaging Technology ..., 2008.

[41] C. Chastang, C. Gautier, M. Brizoux, A. Grivon, V. Tissier, A. Amedeo, and F. Costa, "Electrical behavior of stacked microvias integration technologies for multi-gigabits applications using 3D simulation," in 2011 IEEE 15th Workshop on Signal Propagation on Interconnects (SPI).

[42] M. Aleksic, "Extraction of Jitter Parameters from BER Measurements," in IEEE EPEPS, 2011.

[43] Agilent Eesof, "Jitter Analysis : The dual-Dirac Model, RJ/DJ, and Q-Scale," 2005.

[44] A. Kuo, R. Rosales, T. Farahmand, S. Tabatabaei, and A. Ivanov, "Crosstalk Bounded Uncorrelated Jitter (BUJ) for High-Speed Interconnects," Instrumentation and Measurement, 2005.

[45] Altera, "White Paper FPGAs at 40 nm and > 10 Gbps," 2009.

[46] A. Julien-Vergonjanne, "Introduction à l'égalisation en communications numériques," 2011.

[47] Y. Sato, "A Method of Self-Recovering Equalization for Multilevel Amplitude-Modulation Systems," 1973.

[48] O. Shalvi and E. Weinstein, "New Criteria for Blind Deconvolution of Nonminimum Phase Systems (Channels)," IEEE Transactions on Information Theory, 1990.

[49] A. Tkacenko and P. Vaidyanathan, "Generalized Kurtosis and Applications in Blind Equalization of MIMO Channels," in Signals, Systems and Computers, 2001.

[50] IEEE, "802.3ap specifications," 2006.

[51] F. Rao, V. Borich, H. Abebe, and M. Yan, "Rigorous Modeling of Transmit Jitter for Accurate and Efficient Statistical Eye Simulation," in DesignCon, 2010.

[52] "IBIS open forum." [Online]. Available : http ://www.vhdl.org/ibis/

[53] C. A. Warwick and F. Rao, "Explore the SERDES design space using the IBIS AMI channel simulation flow," 2012.

[54] F. D. Mbairi, W. P. Siebert, and H. Hesselbom, "On The Problem of Using Guard Traces for High Frequency Differential Lines Crosstalk Reduction," 2007.

[55] K. Lee, H.-k. Jung, H.-j. Chi, H.-j. Kwon, J.-y. Sim, and H.-j. Park, "Serpentine Microstrip Lines With Zero Far-End Crosstalk for Parallel High-Speed DRAM Interfaces," 2010.

[56] C. Chastang, C. Gautier, A. Amedeo, and F. Costa, "Crosstalk Analysis of Multigigabit Links on High Density Interconnects PCB using IBIS AMI Models," in IEEE EDAPS, 2012.

Bibliographie

[57] D. Brooks, "Crosstalk Coupling : Single-Ended vs Differential," 2005.

[58] G.-H. Shiue, J.-H. Shiu, Y.-C. Tsai, and C.-M. Hsu, "Analysis of Common-Mode Noise for Weakly Coupled Differential Serpentine Delay Microstrip Line in High-Speed Digital Circuits," IEEE Transactions on Electromagnetic Compatibility, 2012.

[59] W.-D. Guo, G.-H. Shiue, C.-M. Lin, and R.-B. Wu, "Comparisons Between Serpentine and Flat Spiral Delay Lines on Transient Reflection / Transmission Waveforms and Eye Diagrams," IEEE Transactions on Microwave Theory and Techniques, 2006.

[60] K. Yee, "Numerical Solution of Initial Boundary Value Problems Involving Maxwell's Equations in Isotropic Media," 1966.

ANNEXES

A. Comparaison des simulateurs électromagnétiques pour la simulation des cartes électroniques

La comparaison des différentes familles de simulateurs électromagnétiques et des méthodes numériques utilisées a déjà été faite sous diverse formes au sein de THALES Communications & Security. Nous reprenons ici en particulier la comparaison faite dans la thèse de Eric Rogard sur la modélisation des fuites d'information par conduction et par rayonnement à travers l'étude CEM de cartes électroniques complexes, effectuée dans le même service de THALES, en l'adaptant à notre problématique.

A.1. Les types d'approximation des méthodes numériques

A.1.1. Simulateurs 2D statiques

Bien qu'ils soient extrêmement limités en termes d'utilisation, les solveurs statiques sont les plus simples et les plus rapides pour résoudre un problème électromagnétique à deux dimensions ou à trois dimensions avec symétrie axiale. Basés sur la résolution de l'équation de Laplace (forme statique des équations de Maxwell), ils sont largement utilisés pour calculer les paramètres distribués des conducteurs d'une carte électronique en modélisant uniquement la section transverse des interconnexions. En particulier, ce type de simulateur s'appliquent très bien sur des structures où le mode TEM (Transverse ElectroMagnetic) prédomine. Le mode TEM est un mode de propagation dans lequel les champs électrique et magnétique sont uniquement contenus dans les composantes normales à la direction de propagation de l'onde. On le retrouve notamment dans les lignes de transmission puisqu'elles réunissent l'ensemble des conditions nécessaires à sa propagation (séparation des conducteurs aller/retour et homogénéité du milieu entre les conducteurs). En réalité, on parle plutôt d'approximation quasi-TEM. En effet, lorsque les pertes des conducteurs sont prises en compte et/ou lorsque le diélectrique est inhomogène, (microstrip), la propagation n'est pas tout à fait TEM mais est une combinaison des modes TE et TM. Le mode dominant est toutefois considéré comme « quasi-TEM » tant que les composantes longitudinales sont petites par rapport aux composantes transverses, c'est-à-dire tant que la largeur et la hauteur de la ligne restent négligeables vis-à-vis de la longueur d'onde. Son utilisation sur des cartes électroniques complexes est donc limitée puisque l'empilement multi-couche n'est pas pris en compte (vias, fentes dans les plans, ...).

A. Comparaison des simulateurs électromagnétiques pour la simulation des cartes électroniques

A.1.2. Simulateurs 3D quasi-statiques

Ces solveurs font appel à l'hypothèse quasi-statique pour simplifier et résoudre plus rapidement les équations de Maxwell. Cette hypothèse exprime que la variation temporelle de l'interaction entre le champ environnant et la structure rayonnante est négligeable par rapport à la variation spatiale. En d'autres termes, cela revient à dire que si la plus grande dimension de la structure est plus petite que la plus petite des longueurs d'onde mises en jeu, les résultats seront extrêmement précis voire identiques à une solution calculée par un simulateur rigoureux.

Ce type de solveur correspond majoritairement à des simulateurs circuits de type SPICE [69]. Avec une approche quasi-statique, il est en effet possible d'utiliser les méthodes générales de résolution des réseaux électriques (loi de Kirchhoff) puisque chaque cellule de la structure physique peut être décrite par un circuit équivalent composé de résistances, inductances et condensateurs. La discrétisation d'une structure comme une carte électronique est telle qu'elle permet de réduire l'erreur « quasi-statique » sur la précision des résultats. C'est le cas notamment pour le calcul des distributions de courant au sein d'une carte qui revient à l'approche TEM précédemment citée, avec, cette fois-ci, la prise en compte des éléments dans les trois dimensions comme les vias ou les fentes. L'inconvénient majeur réside toutefois dans le manque de précision du canal des champs rayonnés. En effet, les couplages transverses aux interconnexions ne prennent pas en compte les phénomènes de retard de propagation et l'erreur, même faible, de la distribution des courants induits sur le plan de masse entraîne des inexactitudes plus ou moins importantes dans le calcul du champ émis.

À noter que ce type de simulateur présente également l'avantage de pouvoir inclure facilement les composants linéaires ou non linéaires d'une carte électronique dans la simulation. Il est particulièrement utilisé dans des études d'intégrité de signal et d'alimentation comme l'optimisation du découplage ou le contrôle d'impédance.

A.1.3. Simulateurs 3D rigoureux

Les simulateurs rigoureux, également appelés simulateurs full-wave, sont basés sur une résolution sans approximation (sauf celle due à la numérisation) des équations qui régissent le champ électromagnétique établies par Maxwell au XIXe siècle. Leur efficacité va dépendre du problème à résoudre et des moyens de calcul à disposition. La complexité et la taille de la structure, la plage fréquentielle d'analyse ainsi que les performances du PC sont autant de critères qui influent sur le choix d'un simulateur 3D rigoureux. Grâce au développement rapide des ordinateurs, il est en effet possible maintenant de modéliser très précisément un circuit imprimé multicouches avec des milliers d'interconnexions, dans des temps de simulation raisonnables par rapport aux contraintes industrielles. Parmi les applications typiques, on peut citer l'analyse des problèmes de couplage entre circuits numériques et analogiques, l'extraction précise du canal de transmission sur une plage de fréquence pouvant aller jusqu'à plusieurs plusieurs gigaHertz, l'étude des réseaux d'alimentation sur le bruit de commutation des portes ou encore l'impact des plans fendus sur les émissions rayonnées. La mise en oeuvre de ce type de simulateur sur les cartes électroniques

A. Comparaison des simulateurs électromagnétiques pour la simulation des cartes électroniques

est cependant limitée par les temps de simulation et les ressources matérielles nécessaires ainsi que par le niveau d'expertise de l'utilisateur. En effet, les solveurs rigoureux demandent bien souvent une bonne connaissance de la méthode de résolution employée afin de maîtriser le maillage, la déclaration des conditions aux limites, etc.

A.1.4. Simulateurs 3D hybrides

La particularité des simulateurs hybrides est d'optimiser le temps de calcul en combinant les avantages de plusieurs méthodes rigoureuses. Dans ce type d'approche, l'espace d'étude est décomposé en différents volumes où l'on recherche à utiliser la méthode d'analyse la plus appropriée. Sur les surfaces constituant les interfaces, des techniques de raccordement sont alors élaborées pour assurer la bonne articulation des méthodes et la continuité des phénomènes électromagnétiques. Les domaines de validité des simulateurs hybrides sont donc équivalents aux simulateurs rigoureux classiques et, dans ce sens, peuvent être considérés comme des simulateurs full-wave. En revanche, étant donnée la difficulté d'hybrider les méthodes rigoureuses entres elles, ce type de simulateur est souvent dédié à une structure spécifique telle une carte électronique.

A.2. Les méthodes de résolution

Les méthodes de résolution développées dans cette partie sont uniquement celles utilisées dans les logiciels qui ont été évalués pendant la thèse et qui sont présentés dans la partie 1. Parmi ces méthodes nous trouvons : la méthode des moments (MoM), la méthode des éléments finis (FEM) et la méthode des différences finies dans le domaine temporel (FDTD).

	Approche exacte	Approche simplificatrice
Types de simulateurs EM	Simulateurs 3D rigoureux Simulateurs 3D hybrides	Simulateurs 2D statiques Simulateurs 3D quasi-statiques
Méthodes de résolution	Méthodes temporelles (FDTD / FIT, TLM) Méthodes fréquentielles (MoM, FEM) Méthode hybride FEM/MoM	Méthode numérique statique (FEM, etc.) Méthode circuit (TL, PEEC) Méthode topologique (BLT, Kron) Méthode analytique (IS, antenne)
Avantage principal	Précision des résultats	Temps de simulation
Inconvénient principal	Temps de simulation	Domaines de validité

FIGURE A.1.: Catégorie des méthodes de résolution pour les études CEM appliquées aux cartes électroniques

A.2.1. La méthode des moments

La méthode des moments (MoM) est une procédure numérique [73], proposée en 1967 par R. Harrington, devenue très populaire en électromagnétisme. Elle s'appuie sur la formulation intégrale des équations de Maxwell. Cette méthode est dite 3D planaire ou 2,5D dans le sens où seules les interconnexions métalliques de la structure sont maillées contrairement aux méthodes FEM ou FDTD (figure A.2). C'est ce qui en fait l'un des avantages de la méthode des moments : moins de mailles signifie que la résolution des équations de Green est plus rapide car le nombre d'inconnues est moindre. Cette méthode est donc bien adaptée à l'analyse de structures complexes multicouches. Un autre de ses avantages est qu'il n'existe qu'une seule solution matricielle par simulation. Cela signifie que quelque soit le nombre de ports excités, le temps de calcul reste inchangé, favorisant l'analyse de systèmes multi-ports. Cependant, la méthode des moments ne permet pas de résoudre des structures 3D "vraies", les équations de Green n'étant valables qu'en espace libre ou pour des systèmes multi-couches.

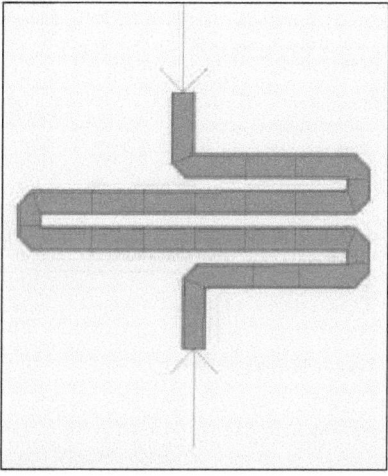

FIGURE A.2.: Maillage typique de la méthode des moments. Les cellules peuvent être triangulaires ou trapézoïdales

A.2.2. La méthode des éléments finis

La méthode des éléments finis (FEM) a connu un grand développement depuis les années 1970. Elle est devenue une méthode très populaire dans de nombreux domaines comme celui de l'électromagnétisme [74] grâce à sa capacité à pouvoir s'appliquer à des structures de forme arbitraire contrairement à la méthode des moments. La structure 3D à étudier est placé dans une "boîte" dont les conditions aux limites doivent être définies par l'utilisateur (figure A.3). Le volume est alors discrétisé en des mailles de forme tétrahédrique (figure A.4) dans lesquels les équations de Maxwell seront résolues. Par analogie avec la méthode des moments, une seule solution matricielle est générée par simulation donc la méthode FEM

A. Comparaison des simulateurs électromagnétiques pour la simulation des cartes électroniques

est adaptée à l'étude de systèmes multiports. Cependant, cela la rend très gourmande en utilisation de mémoire RAM (Random Access Memory) et du processeur. Les méthodes fréquentielles telles que MoM et FEM sont adaptées à l'étude de structures résonantes telles que des filtres, des résonateurs, des cavités ou des oscillateurs.

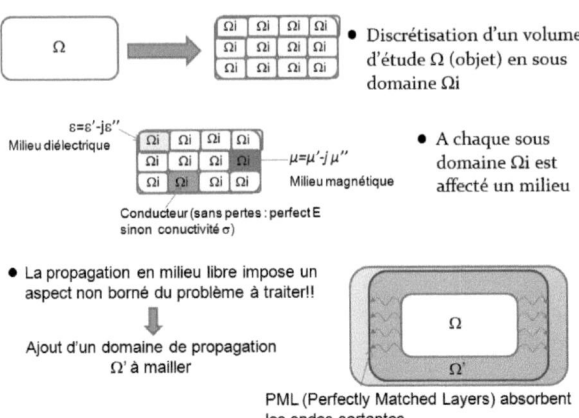

FIGURE A.3.: Discrétisation du domaine par la méthode FEM

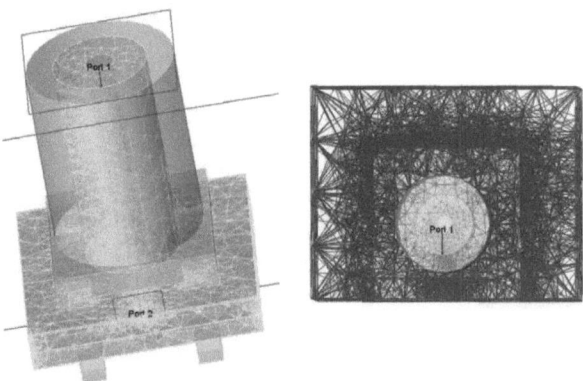

FIGURE A.4.: Maillage typique de la méthode FEM

A. Comparaison des simulateurs électromagnétiques pour la simulation des cartes électroniques

A.2.3. La méthode des différences finies dans le domaine temporel

La méthode des différences finies dans le domaine temporel (FDTD) est basée sur une approximation des opérateurs, soit, en électromagnétisme, une discrétisation des équations de Maxwell. Les équations aux dérivées partielles correspondantes, exprimées sous forme de différences finies, sont alors formulées dans le domaine temporel et résolues en appliquant une procédure itérative, l'algorithme de Yee [60]. Tout comme la FEM, la FDTD est une méthode 3D "vraie" capable d'analyser n'importe quelle géométrie 3D. Cette dernière est discrétisée en mailles héxahédriques, aussi connues sous le nom de cellules de Yee (figure A.5), dans une "boîte" symbolisant l'espace d'analyse et définissant le domaine de simulation (figure A.6). L'algorithme de Yee met à jour les valeurs du champ EM pas à pas en suivant pas à pas les ondes EM telles qu'elles se propagent dans la structure.

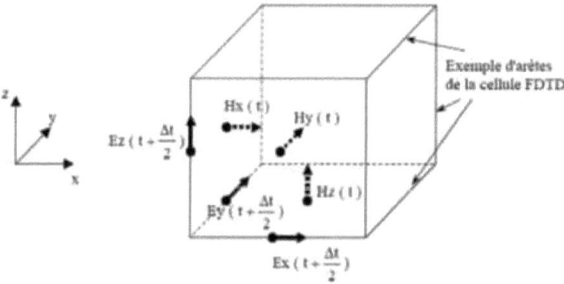

FIGURE A.5.: Cellule de Yee

La FDTD a pour avantage d'être économe en terme d'occupation de la mémoire RAM du fait que cette méthode ne requiert pas une unique solution matricielle. De plus, elle se prête facilement à la parallélisation des calculs profitant des performances des processeurs multicoeurs et des GPU (Graphics Processing Unit). L'inconvénient majeur de la FDTD est qu'une simulation est nécessaire pour chaque port excité ce qui peut rendre le temps de calcul très long. Typiquement, la FDTD est utilisée pour le calcul d'une structure très grande devant la longueur d'onde comme par exemple l'étude d'une antenne embarquée dans un téléphone mobile dont le rayonnement peut être modifié par le boitier du mobile ou à l'approche du corps humain.

A.3. Conclusion

Cette annexe reste importante comme référence lorsque l'on souhaite comparer les performances de différents logiciels dans l'objectif d'extraire précisément (et rapidement si possible) les informations relatives à une paire différentielle servant de support à une liaison

A. *Comparaison des simulateurs électromagnétiques pour la simulation des cartes électroniques*

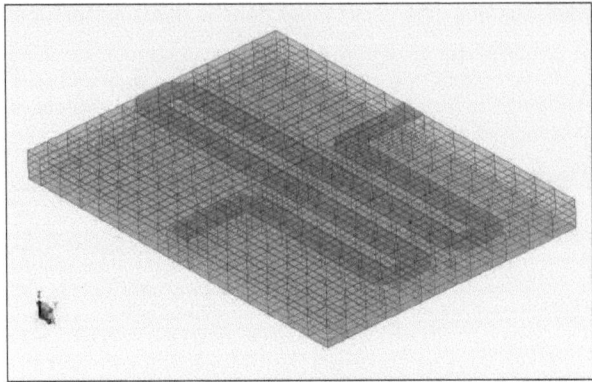

FIGURE A.6.: Maillage typique de la méthode FDTD

MGH. Dans notre cas, cela concerne les caractéristiques du canal et de son environnement (évolution de l'impédance caractéristique, pertes, diaphonie).

B. Égalisation numérique

Cette annexe viens compléter la présentation des méthodes d'égalisation numérique faite au chapitre 1.2

B.1. Égalisation linéaire

Le schéma de principe de l'égalisation est rappelé figure B.1.

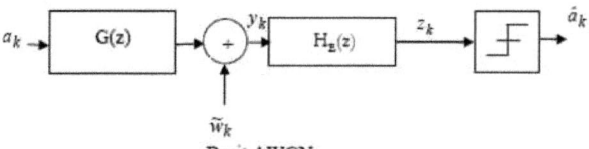

FIGURE B.1.: Synoptique de l'égalisation linéaire

- $Ht(f)$: fonction de transfert de l'émetteur Tx
- $Hc(f)$: fonction de transfert du canal
- $Hr(f)$: fonction de transfert du filtre de réception Rx
- $Hw(f)$: fonction de transfert du filtre blanchissant

$$H(f) = Ht(f).Hc(f).Hr(f) \tag{B.1}$$

Dans le synoptique :
- $H_E(z)$: fonction de transfert temporelle du filtre égaliseur
- $G(z) = H(z).Hw(z)$: fonction de transfert temporelle associée globalement au canal

Un exemple de réponse impulsionnelle du canal, $\{g_k\}$, est représenté figure B.2.

$$y_k = a_k g_0 + \sum_{n \neq k} a_n.g_{k-n} + w_k \tag{B.2}$$

Le terme $a_k g_0$ est le bit à reconstruire, le deuxième et le troisième termes sont respectivement l'interférence inter symboles (IES) et le bruit à éliminer. Supposons que $H_E(z)$ puisse être associé à un filtre linéaire de réponse impulsionnelle $\{h_{Ek}\}$ et que z_k soit la sortie de l'égaliseur :

$$z_k = \sum_{j \neq k} y_{k-j}.h_{E,j} \tag{B.3}$$

B. Égalisation numérique

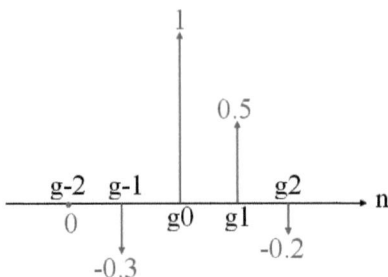

FIGURE B.2.: Réponse impulsionnelle $\{g_k\}$ du canal.

B.1.1. Critère du Zero-Forcing

Le moyen le plus simple de supprimer l'IES est de choisir la fonction de transfert du circuit égaliseur $H_E(z)$ de telle sorte que la sortie de l'égaliseur donne : $\hat{a}_k = a_k$ pour tout k et en l'absence de bruit. Cela peut se réaliser en choisissant d'inverser le canal discret équivalent :

$$H_E(z) = \frac{1}{G(z)} \tag{B.4}$$

Cette méthode est appelée « égalisation par zéro forcing » puisque les termes d'IES en sortie de l'égaliseur sont forcés à zéro. Considérons un seul bloc équivalent au canal discret et à l'égaliseur. Il est représenté par sa réponse impulsionnelle $\{q_k\}$:

$$q(t) = g(t) * h_E(t) \text{ soit } q_n = \sum_{j=-\infty}^{\infty} g_{n-j} . h_{E,j} \tag{B.5}$$

A la sortie de l'égaliseur, on a :

$$z_k = q_0 . a_k + \sum_{n \neq k} a_n . q_{n-k} + \sum_{j=-\infty}^{\infty} \tilde{w}_{k-j} . h_{E,j} \tag{B.6}$$

On retrouve trois termes : le signal utile, le terme d'IES et le terme de bruit en sortie du filtre égaliseur. On veut choisir les $\{h_{E,j}\}$ de telle façon que :

$$q_n = \sum_{j=-\infty}^{+\infty} h_{E,j} . g_{n-j} = \begin{cases} 1 & \text{pour } n = 0 \text{ -> c'est le critère du zero forcing} \\ 0 & \text{pour } n \neq 0 \end{cases} \tag{B.7}$$

Nous pouvons remarquer que le bruit est négligé dans le développement du critère ZF. En pratique, le bruit est cependant toujours présent et bien que les termes d' IES soient éliminés, il est possible que le filtre égaliseur amplifie l'effet du bruit et donc dégrade les

B. Égalisation numérique

performances. C'est l'inconvénient majeur du critère du ZF. En dehors du cas où on est assuré d'un faible niveau de bruit dans le canal, cette solution n'est pas à retenir. D'autre part, il faut noter que le canal est supposé parfaitement connu. Dans cette méthode (appelée supervisée), on passe par l'estimation préalable de la réponse impulsionnelle du canal. Des erreurs dans son estimation vont se répercuter sur le calcul des coefficients de l'égaliseur et donc sur les performances.

B.1.2. Égaliseur MMSE

L'égaliseur MMSE tient compte du bruit. Il est basé sur le critère de l'erreur quadratique moyenne (EQM) ou MSE "Mean Square Error". C'est un critère robuste qui permet de déterminer les coefficients de l'égaliseur en minimisant l'EQM.

B.2. Mise en oeuvre des critères ZF et MMSE

A titre d'exemple, nous souhaitons calculer les coefficients de ces deux types d'égaliseur linéaire. Pour cela, il est nécessaire de :
- Choisir le nombre de coefficients de l'égaliseur = 2N+1 -> calculer N
- Mettre la réponse impulsionnelle du canal sous forme matricielle

Si l'on reprend la réponse impulsionnelle d'un canal présentée figure B.2, le canal $g_k =$ 0 -0.3 1.0 0.5 -0.2 comporte (2L+1) échantillons, avec l'échantillon de référence situé au centre du vecteur. Il faut au moins $N \geq L$ coefficients pour compenser totalement l'effet du canal. Il est alors possible de construire la matrice G $[2(L+N)+1 \times 2N+1]$ (équation B.8).

$$[G] = \begin{bmatrix} g(-N) & 0 & \cdots & 0 \\ \vdots & g(-N) & \ddots & \vdots \\ g(N-1) & \vdots & \ddots & 0 \\ g(N) & g(N-1) & \cdots & g(N) \\ 0 & g(N) & \ddots & \vdots \\ \vdots & \ddots & \ddots & g(N-1) \\ 0 & \cdots & 0 & g(N) \end{bmatrix} \qquad (B.8)$$

B.2.1. Mise en oeuvre du critère Zero-Forcing

Il faut résoudre $H_E = G^{-1}.Z$ avec H_E le vecteur colonne contenant les coefficients de l'égaliseur et Z le vecteur colonne avec un '1' central et des '0' autour. Cependant, la matrice G n'est pas carrée : on extrait G_{SQ}, partie centrale de la matrice G de dimensions $[N+1 \times N+1]$, en éliminant les L ligne supérieures et inférieures. Par exemple pour un égaliseur à cinq coefficients, L=2 et N=2, la matrice G_{SQ}, à inverser, est définie dans l'équation B.9 :

$$\begin{bmatrix} g_0 & g_{-1} & g_{-2} & 0 & 0 \\ g_{+1} & g_0 & g_{-1} & g_{-2} & 0 \\ g_{+2} & g_{+1} & g_0 & g_{-1} & g_{-2} \\ 0 & g_{+2} & g_{+1} & g_0 & g_{-1} \\ 0 & 0 & g_{+2} & g_{+1} & g_0 \end{bmatrix} \begin{bmatrix} h_{E,-2} \\ h_{E,-1} \\ h_{E,0} \\ h_{E,+1} \\ h_{E,+2} \end{bmatrix} = \begin{bmatrix} 0 \\ 0 \\ 1 \\ 0 \\ 0 \end{bmatrix} \quad (B.9)$$

B.2.2. Mise en oeuvre du critère MMSE

Pour l'égaliseur MMSE, il faut résoudre l'équation B.10.

$$H_E = R_g^{-1}.R_{ag} \quad (B.10)$$

- $R_g = E|G_k.G_k^T|$: matrice de corrélation des données reçues.
- $R_{ag} = E|a_k.G_k|$: vecteur d'inter-corrélation entre les données reçues et émises.
- a_k : la séquence d'apprentissage.

Il y a donc nécessité d'inclure, dans l'émission, une séquence d'apprentissage éventuellement répétée périodiquement si le système est non stationnaire. Cela a pour conséquence de limiter le débit des données utiles.

B.2.3. Conclusions

Dans les deux cas, les coefficients peuvent être calculés numériquement. Contrairement au critère ZF, le critère MMSE permet de mieux prendre en compte le bruit. Enfin, l'utilisation d'une structure transverse reste médiocre en présence d'évanouissements sélectifs dans le canal.

B.3. Égalisation adaptative

Les algorithmes présentés précédemment ont pour inconvénients de nécessiter :
- une estimation précise du canal
- un calcul de la matrice de corrélation des données reçues et de son inverse
- un ajustement des coefficients si le canal varie dans le temps

Dans l'approche adaptative, l'étape de l'estimation du canal est transparente pour l'utilisateur et les algorithmes vont tenir compte des variations temporelles du canal. Les deux algorithmes d'optimisation les plus connus sont le LMS (Least Mean Square) et le RLS (Recursive Least Square).

B. Égalisation numérique

B.3.1. Algorithme LMS

Dans la mise en oeuvre du critère de minimisation de l'erreur quadratique moyenne, une alternative pour éviter l'inversion de R_g consiste à appliquer une méthode itérative afin de calculer les coefficients qui minimisent la fonction de coût : $J(h_E)$. A partir des valeurs de $h_E(k-1)$, les valeurs de $h_E(k)$ sont calculées en utilisant l'algorithme du Gradient (équation B.11).

$$h_E(k) = h_E(k-1) + \mu(R_{ag} - R_g.h_E(k-1)) \tag{B.11}$$

Avec μ la constante positive appelée coefficient d'adaptation permettant de contrôler la convergence. En cas de variations du canal, l'égaliseur sera capable de s'adapter d'autant plus vite que μ est grand :

$$\mu = \frac{0.2}{(P_s + P_n)(2N+1)} \tag{B.12}$$

Avec :

- P_s : Puissance du signal

- P_n : Puissance du bruit

- $2N+1$: Nombre de coefficients de l'égaliseur

Cependant, le calcul du Gradient nécessite toujours de connaître R_g et R_{ag} par l'utilisation d'une séquence d'apprentissage. L'algorithme est donc modifié en remplaçant le gradient par son estimée. Ainsi, à chaque étape, R_g et R_{ag} sont remplacés par les estimations $G_k.G_k^T$ et $a_k.G_k$. L'équation B.11 devient :

$$\begin{aligned} h_E(k) &= h_E(k-1) + \mu(a_k - G_k^T.h_E(k-1)).G_k \\ h_E(k) &= h_E(k-1) + \mu(a_k - z_k).G_k \\ h_E(k) &= h_E(k-1) + \mu e_k.G_k \end{aligned} \tag{B.13}$$

Le signal d'erreur e_k représente la différence entre la donnée désirée à l'instant k et la sortie actuelle z(kT). Le LMS permet donc à chaque instant, d'actualiser les coefficients du filtre égaliseur proportionnellement à l'erreur d'estimation e_k.

Il existe deux phases de fonctionnement :
- Une phase d'apprentissage, les données a_k étant connues (séquence d'apprentissage), permet d'ajuster les coefficients de l'égaliseur (pas d'estimation du canal). Cette phase est appelée « mode supervisé ».
- Une phase de données ou de poursuite (pilotée par les décisions ou « decision directed ») ou encore « mode opérationnel » : les a_k sont remplacés par les données estimées.

B. Égalisation numérique

L'algorithme du gradient stochastique est un algorithme simple dont le coût de calcul est proportionnel à l'ordre du filtre à identifier. A condition de respecter un pas d'adaptation suffisamment faible, cet algorithme est stable et optimise un critère des moindres carrés moyens. Encore aujourd'hui, c'est l'algorithme de filtrage adaptatif le plus employé dans les applications temps réel. L'inconvénient majeur dans son utilisation réside dans le choix du pas d'adaptation. Un pas faible entraîne une convergence lente souvent incompatible avec les applications envisagées. Un pas trop fort va conduire, quant à lui, à des résultats imprécis.

B.3.2. Algorithme RLS

L'algorithme de base du LMS est le gradient stochastique (« steepest descent ») dans lequel le vecteur gradient est approximé par une estimation provenant des données. Cependant, lorsque le canal à égaliser a une réponse impulsionnelle très étalée, le LMS converge très lentement du fait de la présence d'un seul paramètre de contrôle (le pas d'adaptation). L'algorithme RLS est plus rapide au prix d'une certaine complexité.

B.3.3. Égalisation autodidacte

Les méthodes précédentes nécessitent une phase d'apprentissage avec une séquence connue du récepteur, ce qui peut pénaliser certains systèmes de communications. Par exemple, lorsque le canal subit des variations brutales, les algorithmes adaptatifs ont du mal à suivre ces variations. Dans ce cas, utiliser un apprentissage de manière régulière est nécessaire, réduisant le débit des données utiles. Les méthodes dites autodidactes ont été développées pour s'affranchir de la séquence d'apprentissage. La seule connaissance disponible en réception est la statistique du signal émis.

Il existe beaucoup d'algorithmes autodidactes qui se différencient les uns des autres par leur rapidité de convergence et par leur aptitude à éviter les minimums locaux (Sato, Kurtosis, Godard, ...). Parmi eux, l'algorithme proposé en 1980 par Godard s'annonce très robuste en terme de capacité de convergence notamment pour des canaux sévères. Il ne nécessite ni la connaissance des données émises, ni celle des données décidées. Nous ne détaillerons pas plus ce type d'égalisation car il n'est pas destiné à des transmissions sur PCB.

B.3.4. Égaliseur non linéaire à retour de décision

Les égaliseurs linéaires sont limités en performances surtout dans le cas de canaux très sévères. L'idée de l'égalisation par retour de décision est basée sur une approche consistant à reconstruire une partie de l'interférence pour venir la soustraire au signal reçu. La structure à retour de décision ou DFE (Digital Feedback Equalizer) est présentée sur la figure B.3.

A l'instant $k.\tau$, $z(k)$ doit être déterminé, c'est-à-dire prendre une décision a_k, les symboles $a_{k-\tau-1}, a_{k-\tau-2}, \cdots, a_{k-N}$ ayant été obtenus à partir de décisions précédentes. Ces

B. Égalisation numérique

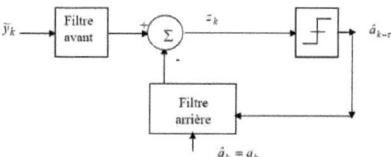

FIGURE B.3.: Synoptique de l'égalisation à retour de décision

échantillons appelés «post-cursor», « arrières » ou «feedback» sont à la base de la structure récursive. La partie manquante $(n < \tau)$ est la partie due aux échantillons «pre-cursor», «avant» ou «feedforward».

Supposons que le filtre avant soit d'ordre $N_1 + 1$ et que le filtre arrière soit d'ordre N_2, alors en sortie de l'égaliseur nous avons :

$$z_k = \sum_{i=-N_1}^{0} \tilde{y}_{k-i}.h_{E,i} - \sum_{j=1}^{N_2} \hat{a}_{k-j}.h_{E,j} \qquad (B.14)$$

Les coefficients $h_{E,i}$ et $h_{E,j}$ peuvent être calculés à partir de la minimisation de l'erreur quadratique moyenne. Considérons que les décisions aient été bonnes, alors $\hat{a}_k = a_k$ et :

$$z_k = Y_F^T.H_{E,F} - Y_B^T.H_{E,B} \qquad (B.15)$$

Avec :
- $Y_F = [\tilde{y}_{k+N_1} \quad \tilde{y}_{k+N_1-1} \quad \cdots \quad \tilde{y}_k]^T$
- $Y_B = [a_{k-1} \quad a_{k-2} \quad \cdots \quad a_{k-N_2}]^T$
- $H_{E,F} = [h_{E,-N_1} \quad h_{E,-N_1+1} \quad \cdots \quad h_{E,0}]^T$
- $H_{E,B} = [h_{E,1} \quad h_{E,2} \quad \cdots \quad h_{E,N_2}]^T$

Nous cherchons les filtres qui minimisent l'EQM tels que :

$$E[(a_k - z_k)^2] = E[(a_k - Y_F^T.H_{E,F} + Y_B^T.H_{E,B})^2] \qquad (B.16)$$

En dérivant et annulant, cela conduit à :

$$\begin{cases} E[Y_F(a_k - Y_F^T.H_{E,F} + Y_B^T.H_{E,B})] = 0 \\ E[Y_B(a_k - Y_F^T.H_{E,F} + Y_B^T.H_{E,B})] = 0 \end{cases} \qquad (B.17)$$

$$\begin{cases} E[Y_F.Y_F^T].H_{E,F} = E[Y_F.Y_B^T]H_{E,B} + E[a_k.Y_F] \\ E[Y_B.Y_F^T].H_{E,F} = E[Y_B.Y_B^T]H_{E,B} + E[a_k.Y_B] \end{cases} \qquad (B.18)$$

Cela se réduit à :

$$\begin{cases} E[Y_F.Y_F^T].H_{E,F} = E[Y_F.Y_B^T]H_{E,B} + E[a_k.Y_F] \\ E[Y_B.Y_F^T].H_{E,F} = H_{E,B} \end{cases} \qquad (B.19)$$

B. Égalisation numérique

En résolvant ces équations, nous obtenons les coefficients des filtres avant et arrières :

$$\begin{cases} H_{E,F} = (E[Y_F.Y_F^T] - E[Y_F.Y_B^T]E[Y_B.Y_F^T])^{-1}E[a_k.Y_F] \\ H_{E,B} = E[Y_B.Y_F^T]H_{E,F} \end{cases} \quad (B.20)$$

Comme dans le cas de l'égaliseur linéaire, il est possible de définir les coefficients de manière itérative et d'utiliser une séquence d'apprentissage.

Oui, je veux morebooks!

i want morebooks!

Buy your books fast and straightforward online - at one of world's fastest growing online book stores! Environmentally sound due to Print-on-Demand technologies.

Buy your books online at
www.get-morebooks.com

Achetez vos livres en ligne, vite et bien, sur l'une des librairies en ligne les plus performantes au monde!
En protégeant nos ressources et notre environnement grâce à l'impression à la demande.

La librairie en ligne pour acheter plus vite
www.morebooks.fr

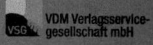

VDM Verlagsservicegesellschaft mbH
Heinrich-Böcking-Str. 6-8   Telefon: +49 681 3720 174   info@vdm-vsg.de
D - 66121 Saarbrücken   Telefax: +49 681 3720 1749   www.vdm-vsg.de

Printed by Books on Demand GmbH, Norderstedt / Germany

B. Égalisation numérique

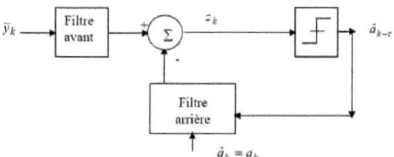

FIGURE B.3.: Synoptique de l'égalisation à retour de décision

échantillons appelés «post-cursor», « arrières » ou «feedback» sont à la base de la structure récursive. La partie manquante ($n < \tau$) est la partie due aux échantillons «pre-cursor», «avant» ou «feedforward».

Supposons que le filtre avant soit d'ordre $N_1 + 1$ et que le filtre arrière soit d'ordre N_2, alors en sortie de l'égaliseur nous avons :

$$z_k = \sum_{i=-N_1}^{0} \tilde{y}_{k-i}.h_{E,i} - \sum_{j=1}^{N_2} \hat{a}_{k-j}.h_{E,j} \qquad (B.14)$$

Les coefficients $h_{E,i}$ et $h_{E,j}$ peuvent être calculés à partir de la minimisation de l'erreur quadratique moyenne. Considérons que les décisions aient été bonnes, alors $\hat{a}_k = a_k$ et :

$$z_k = Y_F^T.H_{E,F} - Y_B^T.H_{E,B} \qquad (B.15)$$

Avec :
- $Y_F = [\tilde{y}_{k+N_1} \quad \tilde{y}_{k+N_1-1} \quad \ldots \quad \tilde{y}_k]^T$
- $Y_B = [a_{k-1} \quad a_{k-2} \quad \ldots \quad a_{k-N_2}]^T$
- $H_{E,F} = [h_{E,-N_1} \quad h_{E,-N_1+1} \quad \ldots \quad h_{E,0}]^T$
- $H_{E,B} = [h_{E,1} \quad h_{E,2} \quad \ldots \quad h_{E,N_2}]^T$

Nous cherchons les filtres qui minimisent l'EQM tels que :

$$E[(a_k - z_k)^2] = E[(a_k - Y_F^T.H_{E,F} + Y_B^T.H_{E,B})^2] \qquad (B.16)$$

En dérivant et annulant, cela conduit à :

$$\begin{cases} E[Y_F(a_k - Y_F^T.H_{E,F} + Y_B^T.H_{E,B})] = 0 \\ E[Y_B(a_k - Y_F^T.H_{E,F} + Y_B^T.H_{E,B})] = 0 \end{cases} \qquad (B.17)$$

$$\begin{cases} E[Y_F.Y_F^T].H_{E,F} = E[Y_F.Y_B^T]H_{E,B} + E[a_k.Y_F] \\ E[Y_B.Y_F^T].H_{E,F} = E[Y_B.Y_B^T]H_{E,B} + E[a_k.Y_B] \end{cases} \qquad (B.18)$$

Cela se réduit à :

$$\begin{cases} E[Y_F.Y_F^T].H_{E,F} = E[Y_F.Y_B^T]H_{E,B} + E[a_k.Y_F] \\ E[Y_B.Y_F^T].H_{E,F} = H_{E,B} \end{cases} \qquad (B.19)$$

B. Égalisation numérique

En résolvant ces équations, nous obtenons les coefficients des filtres avant et arrières :

$$\begin{cases} H_{E,F} = (E[Y_F.Y_F^T] - E[Y_F.Y_B^T]E[Y_B.Y_F^T])^{-1}E[a_k.Y_F] \\ H_{E,B} = E[Y_B.Y_F^T]H_{E,F} \end{cases} \quad (B.20)$$

Comme dans le cas de l'égaliseur linéaire, il est possible de définir les coefficients de manière itérative et d'utiliser une séquence d'apprentissage.